# Architecture Design Guide for New Better Housing System

# 新时代好住房建筑设计指南

中国建设科技集团股份有限公司 编著

中国计划出版社
·北 京·

**图书在版编目（CIP）数据**
新时代好住房建筑设计指南 / 中国建设科技集团股份有限公司编著. -- 北京 : 中国计划出版社, 2024.12.（2025.4重印） -- ISBN 978-7-5182-1750-2
Ⅰ. TU241-62
中国国家版本馆CIP数据核字第2024861UA9号

**新时代好住房建筑设计指南**
XINSHIDAI HAOZHUFANG JIANZHU SHEJI ZHINAN

责任编辑：刘　涛　周　娜　　封面设计：韩可斌

中国计划出版社出版发行
网址：www. jhpress. com
地址：北京市西城区木樨地北里甲 11 号国宏大厦 C 座 4 层
邮政编码：100038　电话：（010）63906433（发行部）
三河富华印刷包装有限公司印刷

787mm × 1092mm　1 /16　4.25 印张　94 千字
2024 年 12 月第 1 版　2025 年 4 月第 4 次印刷

定价：50.00 元

# 前 言

为贯彻落实国家关于推动新时代住房发展与建设的决策部署和工作要求，满足人民群众美好居住生活的根本需要，全面推动住房品质提升和可持续建设发展水平，中国建设科技集团股份有限公司联合全国产学研单位成立了编制组，经编制组广泛调查研究，认真总结实践经验，参考国内外有关标准，并在征求意见的基础上，制定本指南。

本指南的研编工作，聚焦更好实现“碳中和、碳达峰”战略要求、更好满足人民美好生活居住需要，遵循“安全、舒适、绿色、智慧”的新时代住房顶层设计，注重以新阶段住房战略的新要求推动住房发展模式转型，以新阶段问题导向的新需求实现居住产品供给换代，以新阶段系统观念的新产业全面促进住宅建设方式升级。本指南以新发展理念为引领的高标准赋能与新体系创新为目标，力求系统构建的建设产业化、建筑长寿化、品质优良化、绿色低碳化为核心的高质量可持续发展新体系与新方式，以实现新时代住房发展建设的高质量可持续发展。

本指南主要内容包括：总则、术语、基本规定、建设产业化、建筑长寿化、品质优良化、绿色低碳化和性能指标体系。

本指南由中国建设科技集团股份有限公司归口管理，由中国建筑标准设计研究院有限公司负责具体技术内容的解释。执行过程中如有意见或建议，请寄送中国建筑标准设计研究院有限 公司（地址：北京市海淀区首体南路 9 号主语国际 2 号楼，邮编：100048）。

**主 编 单 位：**中国建设科技集团股份有限公司

**参 编 单 位：**中国建筑标准设计研究院有限公司
中国建筑设计研究院有限公司
中国城市建设研究院有限公司
深圳华森建筑与工程设计顾问有限公司
上海中森建筑与工程设计顾问有限公司
住房和城乡建设部科技与产业化发展中心
清华大学
东南大学
西安建筑科技大学
中国房地产业协会
国家建筑绿色低碳技术创新中心
北京国标建筑科技有限责任公司

中建科技集团有限公司
宝业集团股份有限公司
浙江精工钢结构集团有限公司

**主要起草人：** 刘东卫 曹 彬 秦 姗 盛 晔 周祥茵 蒋航军 高 鹏 冯海悦
肖 蓝 赵 钿 刘玉军 徐颖璐 刘 晗 高晓明 李 静 孙宇光
程晓青 鲍 莉 刘 倬 宫 玮 樊则森 李 栋 朱彩清 董 晟
何晓微 郝 学 杜志杰 郭 苏 王治洲 刘若凡 王 锴 程 鹏

**主要参编人：**（以下按姓氏笔画排序）
于若初 王 芳 王 凯 王凌云 王 喆 王新平 卢建伟 卢 雷
刘 铁 刘 赫 刘素华 闫英俊 李 焜 李瑞峰 张 一 张 弘
张 玥 张洪伟 张铭军 陈伯如 林 硕 周 萱 段朝霞 俞 羿
贾 丽 唐悦兴 曹逸杰 董 蕾 韩 瑞 曾凡娜 裴文峰

**主要审查人：** 宋春华 李存东 邵韦平 韩冬青 童悦仲 杨家骥 郭 景 鹿 勤
刘晓钟 薛 峰 周静敏 宋晔皓 张 倩 舒 平 欧阳文

# 目 次

# 1 总 则

**【1.0.1 编制目的】**

**1.0.1** 为贯彻落实国家关于推动住房建设高质量发展的决策部署，满足人民群众美好居住生活的根本需要，推动新时代好住房建设、全面提升住房品质，规范好住房建设与规划设计，制定本指南。

住房建设领域作为国家发展的重要组成部分，以推动高质量发展为主题，以深化供给侧结构性改革为主线，以改革创新为根本动力，以满足人民日益增长美好生活需要为根本目的。住房和城乡建设工作会议指出，我国住房发展已经从总量短缺转为结构性供给不足，进入结构优化和品质提升的发展时期，人民群众从“有没有”转向“好不好”的住房要求，会议部署了“让人民群众住上更好的房子”和“提升住房品质”的重点工作要求。

近年来，我国住房建设快速发展，人民群众居住条件显著改善，住房发展取得巨大成就，对推动以人为核心的新型城镇化、促进经济社会发展发挥了重要作用。但是，住房建设不仅存在整体居住环境质量与建筑全寿命期性能不高，建设质量通病未根治，人民群众获得感、幸福感、安全感不佳等亟待解决的低质量供给突出问题，还存在着建设能源资源消耗较高、环境影响较大、绿色低碳发展不平衡不充分和传统建设方式的问题，亟需全面推进向高质量发展方向转型升级。

为了贯彻落实国家推动高质量发展的决策部署，以新发展理念为引领，更好实现“碳中和、碳达峰”的战略目标要求、更好满足人民群众美好居住生活供给质量的根本目标需要，特制定本指南。

**【1.0.2 适用范围】**

**1.0.2** 本指南适用于城镇新建住房与住区的建设与规划设计，改建和扩建的住房与住区、非住宅类居住建筑的建设与规划设计可参照执行。

**【1.0.3 基本原则】**

**1.0.3** 新时代好住房的建设应在“适用、经济、绿色、美观”的建筑方针指导下，符合“安全、舒适、绿色、智慧”要求，以提升人民群众居住满意度为目标，符合以人为本、因地制宜原则，并应满足建设产业化、建筑长寿化、品质优良化和绿色低碳化的基本要求。

新时代好住房规划建设应立足新发展阶段，贯彻新发展理念，构建新发展格局，以满足人民日益增长的美好生活需要为根本目的，着力破解住房质量难题和逐步降低建筑全生命周期能耗和碳排放强度为主线，以人为本，因地制宜大力提高人民群众的宜居质量满意度，全面提高居住品质和可持续发展水平。

以人为本，坚持把人民对美好生活的向往作为高品质人居建设的出发点和落脚点，聚焦人民群众需求，突出品质提升，顺应人民对高品质生活的新期待。因地制宜，充分考虑不同地区的自然环境、经济发展、文化传统等因素，确保技术体系的适用性和可操作性。

**【1.0.4 与其他标准关系】**

**1.0.4**　新时代好住房建筑设计除应符合本指南外，尚应符合国家现行有关标准的规定。

# 2 术　语

【2.0.1 新时代好住房】

**2.0.1**　新时代好住房
new better housing system

立足安全、舒适、绿色、智慧的住房高质量建设发展方向和人民群众美好生活需求，在具备良好居住功能的基础上，满足建设产业化、建筑长寿化、品质优良化、绿色低碳化要求的优质住房与可持续居住环境。

【2.0.2 建设产业化】

**2.0.2**　建设产业化
industrialization of construction

以高质量可持续发展为目标，以建筑业转型升级为支撑，以新型建设方式为核心，以信息技术与工业化深度融合为手段，广泛运用先进适用的建造技术和科学的管理方法，整合规划设计、生产运输、施工建造和运营管理等产业链参与方，实现传统生产方式向现代生产方式转变，从而全面提升建筑工程的质量、效率和效益，实现建筑业节能减排和可持续发展。

推动发展模式向以长久质量效益为中心的可持续发展建设方向转变，是走中国特色新型工业化道路的根本要求。因此，要改变我国建筑业的落后现状，就必须摆脱传统发展模式和束缚，寻求以建设产业现代化为目标的创新发展路径。中国的建设产业化与住房建设已经进入历史性变革时期，必须以转型升级促进发展。建筑业转型升级涉及理念转变、模式转型和路径创新，是一个全局性、系统性的变革过程。

对于新时代好住房建设而言，其发展基础是实现建设产业化，而建设产业化是生产方式的变革，是以新型生产建造方式的建筑设计理念变革和好房子建造技术创新为先导，优化建筑业的生产方式和产业结构，从战略性的角度配置建筑产业资源，合理调整和协调全产业链各个环节的内容，从而建设符合时代发展、满足人民需求的高品质住宅建筑。

【2.0.3 建筑长寿化】

**2.0.3**　建筑长寿化
building longevity

在建筑设计、建造、运行、更新等全寿命期内，采取灵活长寿、安全耐久、防灾韧性、居住安全等系统性技术集成措施，延长住宅建筑使用寿命的理念与方法。

纵观国外发达国家建筑的住宅使用寿命：美国为130年，英国为100年，日本为70年。我国住宅使用寿命只有30～40年，平均100年内需要建造和拆毁2～3次，造成了极大的资源能源浪费。提高建筑的使用寿命被认为是最大的可持续发展课题。因此提出建筑的长寿化，倡导延长建筑使用寿命，提升住房的资产价值和使用价值。

【2.0.4 品质优良化】

**2.0.4　品质优良化**
excellent quality

在建筑设计、建造、运行、更新等全寿命期内，采取适老通用、长期维护、智慧便捷和服务高效等系统性技术集成措施，提升住宅建筑居住水平的理念与方法。

【2.0.5 绿色低碳化】

**2.0.5　绿色低碳化**
green de-carbonisation

在建筑设计、建造、运行、更新等全寿命期内，采取地域共生、全龄宜居、舒适健康、降碳减排等系统性技术集成措施，实现住宅建筑降碳目标的理念与方法。

【2.0.6 开放建筑通用体系】

**2.0.6　开放建筑通用体系**
open building system

以建设产业化发展为目标、以新型建筑工业化生产方式为基础，具有开放性、通用性、适应性和多样性等特征的集成设计建造体系。

【2.0.7 SI 住宅建筑体系】

**2.0.7　SI 住宅建筑体系**
skeleton-infill housing system

住宅建筑中的建筑支撑体 S 和建筑填充体 I 相互分离，具有高耐久性、长期适应性、维护更新便利性等特征。

根据国内外建设经验，SI 住宅建筑体系基于长寿化可持续建设，在建筑全寿命期内同步提升住房的资产价值和使用价值，是我国住宅设计和建造的重要方向，能够引领我国住宅产业现代化发展。SI 住宅建筑体系在提高主体结构和内装部品耐久性、设备管线维护更新性、套内空间适应性方面具有显著特征。

建筑支撑体（skeleton system of building），即住宅建筑中承重结构、共用管道井及共用设备管线等。

建筑填充体（infill system of building），即住宅建筑套内设备管线、内装部品、非承重围护结构等。主要指工业化生产、现场装配的具有独立功能的内装部品体系，如整体卫浴、集成厨房、系统收纳等模块化部品，以及装配式隔墙、吊顶、楼地面和集成式设备管线等集成化部品。

【2.0.8 精益设计建造】

**2.0.8　精益设计建造**
lean design and construction

基于建设产业现代化的全产业链与住宅产品的全寿命期，以提高建筑品质、建造质量和效率效益为目标的、满足当代居住者多元化居住方式的系统性设计建造方法。

精益设计建造既是一种理念和思想，也是一种方法和工具。与传统设计理论方法相比，精益设计建造更强调基于建设产业现代化的全产业链、建筑产品的全生命周期，以满足居住生活需求和提高建筑品质为基本目的。

精益设计建造，主要从“设计优化”“工艺优化”“措施优化”三方面进行策划与实践。即通过设计优化减少多余工序，满足必要的工程品质需求；通过工艺优化减少质量缺陷，提高一次成优率；通过措施优化提高施工安全性与便捷性，提高施工效率。

【2.0.9 系统集成】

**2.0.9** 系统集成
system coordination

基于住宅建筑支撑体与住宅建筑填充体分离的特点，运用专业性的建筑集成设计方法，将各个独立的子系统融合到一个整体化的系统中，并通过集成技术运用，实现协同工作、高效运行和优化资源等目标。

在建筑设计过程中，通过专业性设计实现集成技术应用，如建筑支撑体与建筑填充体的集成技术设计、建筑填充体与设备及管线的集成技术设计、设备及管线与建筑支撑体分离的集成技术设计等专业性设计协同等，这些协调配合的工作就构成了系统集成。

【2.0.10 部品化装修】

**2.0.10** 部品化装修
assembled decoration

将工厂生产的部品在现场进行组合安装的装修方式。

部品化装修是一种工业化生产方式，是在内装修作业中，采用干式工法的施工与安装方式。作业工序清晰独立，现场没有泥沙尘埃，整体工作环境得到改善。

【2.0.11 灵活长寿性能】

**2.0.11** 灵活长寿性能
residency flexibility and longevity

建筑在全寿命期内，满足空间可变、功能更新、维修方便等持续居住需求的能力。

具有灵活性与适应性的建筑填充体是SI住宅建筑体系的发展途径，提高了住宅在建筑全寿命期内的使用价值。可持续发展建设需要首先考虑人的因素，以居住者的需求为出发点，平衡建筑的功能与形式。SI住宅建筑体系中灵活性与适应性的建筑填充体使套内空间长期处于动态平衡之中，可以根据居住者不同的使用需求，对建筑填充体部分进行“私人定制”。

【2.0.12 适老通用性能】

**2.0.12** 适老通用性能
performance of adaptable to the aged

建筑与环境满足老年人及所有全龄使用者居住生活需求的能力。

住房产品应强调长久使用价值，并满足可持续发展的居住需求，创造出所有人能够正常使用的空间环境和功能环境。目前我国的住宅建设应从老龄化社会需求出发，研究并推动通用设计，即在住宅同一套型内，能够实现多种套型的变换，在建筑全寿命期内，满足全龄化人群、家庭全生命周期不同阶段的使用需求。

【2.0.13 防灾韧性性能】

**2.0.13** 防灾韧性性能
performance of disaster safety

建筑在面对自然灾害或其他突发事件影响时的承受、适应和恢复的能力。

**【2.0.14 长期维护性能】**

**2.0.14** 长期维护性能
performance of long-term maintenance

建筑在全寿命期内保持正常使用与维护更新的能力。

通过长期的可维护更新性达到其长期优良品质的保证，以及其长久的资产价值。通过设置清洁口、检修口等，使得设备或管线易于维护与更新。并通过对结构系统、外围护系统以及内装、设备与管线系统制定长期维护维修更新的计划，进行定期维护维修更新。

**【2.0.15 住宅性能评定】**

**2.0.15** 住宅性能评定
basic performance of residential buildings

为提高住宅性能、促进住宅产业现代化和保障消费者权益，评定适用性能、环境性能、经济性能、安全性能和耐久性能方面应达到的基本居住性能水平。

按照现行国家标准《住宅性能评定标准》GB/T 50362 的规定，从适用性能、环境性能、经济性能、安全性能和耐久性能进行综合评定。适用于新建和改建的城镇住宅和集中建设的农村住宅的性能评审和认定。

**【2.0.16 百年住宅】**

**2.0.16** 百年住宅
long-life sustainable housing

基于可持续建设发展理念，统筹住宅建筑全寿命期内的策划设计、生产施工和使用维护全过程的集成设计与建造，具有建筑长寿性能、品质优良性能、绿色持续性能，全面保障居住长久品质与资产价值的居住建筑。

百年住宅是在基于可持续建设发展理念，从我国现有住宅建筑生产和住宅全寿命期维护方式对居住长久价值方面的亟待解决课题研究实践后提出的，其重点在于对设计、建造以及后期运维的可持续住房建设供给方式。

按照现行团体标准《百年住宅建筑设计与评价标准》T/CECS-CREA 513 的规定，应提高建筑结构耐久性技术、居住空间适应性技术和 SI 住宅管线分离技术等住宅建筑长寿化集成技术，以建设供给转型、新型建造创新和产品供给升级，为构建可持续性社会的居住与生活环境做出贡献。

# 3 基本规定

## 【3.0.1 SI住宅建筑体系】

**3.0.1** 新时代好住房建设应符合开放建筑通用体系的新型工业化建设要求，采用SI住宅建筑体系进行系统性设计。

我国住宅以传统建造方式为主导，造成了大量的“能效低”“寿命短”“质量差”等住宅性能和品质问题，如何满足人们对住宅性能和品质要求的全面提升成为我们亟待解决的课题，通过推进技术创新和技术集成促进住宅产业化的发展，推进新型住宅建设方式与住宅体系成为其课题的核心所在。

SI住宅建筑体系以建筑产业现代化为目标，是适用于多种类型住宅建筑的、具有通用性的开放性住宅建筑体系。通过大量使用通用部件部品，实现住宅产品批量化生产的集成建造。体系具有系统性、适应性与多样性，部品部件具有通用性和互换性。SI住宅建筑体系的集成技术，包括主体部件集成技术、内装部品集成技术、围护结构集成技术、设备及管线集成技术。

## 【3.0.2 精益设计建造】

**3.0.2** 新时代好住房建设应遵循建筑全寿命期的可持续性原则，采用包含标准化设计、工厂化生产、装配化施工、一体化装修、信息化管理和智能化运维等全产业链的精益设计建造方法。

从国内外优质住房建造实践经验来看，以精益设计建造方法结合新型生产建造方式为原则，做好建筑设计、生产运输、装配施工、运营维护等产业链各阶段的协调，将有利于设计、施工建造的相互衔接，保障生产效率和工程质量。精益设计建造方法改变了传统住宅设计建造模式，注重建筑支撑体与建筑填充体相分离技术及其内装部品室内技术等一体化设计集成，提高工业化设计与精细化部品建造应用水平。

## 【3.0.3 整体策划】

**3.0.3** 新时代好住房建设应在方案设计前期，对项目实施全过程进行整体策划，并应对经济可行性和可建造性进行评估，合理确定建设目标，编写技术实施方案。

策划对项目的顺利实施起到重要作用，不仅统筹建筑设计、构件部品生产、施工建造和运营维护各个环节，还需要建筑、结构、设备、电气、内装、造价等专业密切配合。在建筑设计前期，应结合地方政策、用地条件、项目定位等进行工程质量与居住性能目标与实施技术策划。结合可建造性和经济可行性等因素，合理选择住宅建筑结构体系类型，明确部件部品种类、部位及材料选择，并统筹建筑平面、结构系统、外围护系统、内装系统、设备与管线系统等进行成本估算，选择相应的技术配置。

**【3.0.4 系统集成】**

**3.0.4** 新时代好住房建设应实现建筑结构系统、外围护系统、设备与管线系统、内装系统的技术集成，协同建筑、结构、机电和装修等专业集成，统筹策划、设计、生产、施工和运维等全过程集成。

系统集成是以住宅建筑产品为最终形态，以技术集成、专业集成、全过程集成为主导，并采用数字化技术进行系统集成与集成设计，提高效率、优化质量、降低成本和风险、为智能建造提供支撑。

**【3.0.5 全装修与部品化装修】**

**3.0.5** 新时代好住房建设应做到全装修，并应满足部品化装修的要求。

工业化生产方式的住宅内装是推动我国住宅产业现代化发展的方向，推行装配式装修是新时代住房发展的重要方向。住宅建筑采用部品化装修的设计建造方式具有五个方面优势：一、部品在工厂制作，现场采用干式工法，可以最大限度保证产品质量和性能；二、提高劳动生产率，节省大量人工和管理费用，大大缩短建设周期、综合效益明显，从而降低住宅建设成本；三、节能环保，减少原材料的浪费，施工现场大部分为干法施工，噪声粉尘和建筑垃圾等污染大为减少；四、便于维护，降低了后期的运营维护难度，为部品更新变化创造了可能；五、采用集成部品可实现工业化生产，有效解决施工生产的尺寸误差和模数接口问题。

**【3.0.6 产业化与标准化多样化】**

**3.0.6** 新时代好住房建筑设计应遵循住宅产业化、标准化、多样化的原则，满足部品部件通用化、套型系列化的要求，并应符合现行行业标准《装配式住宅设计选型标准》JGJ/T 494的有关规定。

住宅部品部件应选用通用化与系列化的参数尺寸与规格产品，以提高重复使用率、减少种类，既可经济合理地确保质量，也利于组织生产与施工安装。

住宅建筑以套型为基本单元进行设计，套型单元的设计通常采用模块化组合的方式，其基本单元、部品部件重复使用率高、规格少、组合多的要求也决定了住宅必须采用标准化与多样化设计方法。住宅建筑设计应严格遵守标准化、模数化相关要求，不能为了多样化而影响标准化设计基本原则，进而派生出不符合标准化、模数化要求的空间尺寸和部品尺寸。

**【3.0.7 建筑长寿化性能设计】**

**3.0.7** 新时代好住房建筑设计应满足建筑支撑体耐久性和建筑填充体适应性的建筑长寿化要求，适度采取提高工程设计工作年限等措施，并应满足以下要求：

**1** 应采用SI住宅建筑体系；

**2** 主体结构的耐久性应按设计工作年限100年进行考虑；

**3** 居住空间应具备灵活可变性能。

从住宅建筑全寿命期的可持续发展理念和住房建设及其后期运营维护来看，住宅设计应在延长建筑支撑体使用寿命的同时，使建筑填充体也满足居住者家庭全生命周期使用的灵活适应性需求。新时代好住房建设立足于满足居住家庭生命周期的灵活可变性，满足日常生活及将来的变化，既可实现居住者的长久居住，居住者也能够得到物超所值的居住空间，既延续住宅居住功能的生命周期，提高了社会资产的价值，也使资源消耗最低并充分利用可再生资源。

SI住宅建筑体系是一种可持续集成的建筑设计理念，旨在延长建筑的使用寿命，最大限度地减少对环境的影响，并提高建筑的能源效率。延长建筑寿命可以采用提升建筑耐久性能的技术措施，包括提高主体结构耐久性、提高外围护系统和外装修系统的耐久性、提高防水系统和材料的耐久性等。其中，主体结构设计工作年限按100年进行设计，可在造价提高有限的情况下提高结构综合性能，减少后期维修。

**【3.0.8 管线分离】**

**3.0.8** 新时代好住房建筑设计与内装设计应满足管线分离的要求。

管线分离，即将设备及管线与建筑结构相分离的方式。在传统的住宅建筑设计与施工中，一般均将室内装修用设备管线预埋在混凝土楼板和墙体等建筑结构中。在后期长时期的住宅使用维护阶段，大量的住宅虽然建筑支撑体仍可满足使用要求，但预埋在建筑结构中的设备管线等早已老化无法改造更新，后期装修剔凿建筑结构的问题大量出现，也极大地影响了建筑使用寿命。管线分离简而言之就是不把管线埋设在结构内，不埋设在梁板柱实体内。管线分离是采用SI住宅建筑体系实现建筑产业现代化的可持续发展目标和新型建筑工业化生产的关键技术发展方向。通过前期设计阶段对结构系统整体考虑，有效提高后期施工效率，合理控制成本，保证施工质量，方便今后检查、更新和增加新设备。因此，采用管线分离方式，使住宅建筑具备结构耐久性、室内空间适应性及设备可更新性等特点，同时兼备低能耗、高品质和长寿命的可持续住宅建筑产品优势。

**【3.0.9 干式工法】**

**3.0.9** 新时代好住房建筑设计与内装设计应采用干式工法。

干式工法，即采用干作业施工的建造方法。现场采用干作业施工工艺的干式工法是建设产业化的核心内容。我国住宅传统行业具有现场湿作业多、施工精度差、工序复杂、建造周期长、依赖现场工人水平和质量难以保证等问题，干式工法作业可实现建设的高精度、高效率和高品质。

**【3.0.10 内装部品】**

**3.0.10** 新时代好住房内装设计应优选质量稳定、品质高、耐用性强、健康环保的部品，并应符合下列规定：

**1** 应采用由标准化系列化部品组成的、满足住宅建筑功能的模块化部品，包括整体卫浴、集成厨房、系统收纳等；

**2** 应采用由工厂生产的部品以及设备与管线等集成装配而成的集成化部品单元，包括装配式隔墙、装配式吊顶和装配式楼地面等；

**3** 优选易安装、易更换、易维护的部品；

**4** 部品应具有通用性和互换性；

**5** 部品应成套采购与应用。

在进行装修设计时，需要根据项目的定位要求和国家现行标准，明确性能目标。在选择装修部品时，应优先考虑质量稳定、品质高、耐用性强、健康环保的部品，以确保装修质量和使用效果达到预期目标。

装修部品的选择不仅应考虑到初始的性能和外观，还应考虑到后期的维护和更新需求。因此，应优先选择易于更换和维护的部品，以降低后期维护成本和工作难度。

此外，选择可逆安装的部品也是一项重要考虑因素，因为它们在拆卸或更换时可以减少对建筑结构的破坏和影响，提高了装修的可持续性和灵活性。

装修部品应与配件（如门窗应与窗套或披水板、卫生间防水托盘与隔断等）成套采购与应用，在设计和采购时避免进行拆分按零部件计量。

**【3.0.11 数字家庭】**

**3.0.11** 新时代好住房建筑设计与内装设计应满足居住者智慧便捷生活方式的需求，并应满足数字家庭建设的要求。

数字家庭，即以住房为载体，利用物联网、云计算、大数据、移动通信、人工智能等新一代信息技术，实现系统平台、家居产品的互联互通，满足居民信息获取和使用的数字化家庭生活服务系统。前期策划阶段就应结合所在区域的经济发展、生活习惯、客户需求等，对住区与住宅建筑适用的智能家居、养老、物业、政务等各项智慧化服务系统进行决策，并做好相关末端产品、管线的预留。

**【3.0.12 住宅性能评定】**

**3.0.12** 新时代好住房建设应保障基本居住性能，并应符合现行国家标准《住宅性能评定技术标准》GB/T 50362 的有关规定。

目前我国住宅的主要问题之一就是品质和性能不能完全令人满意，新时代好住房建设应解决住宅的根本问题，提高品质与性能，促进住宅产业现代化，保障消费者权益，新时代好住房要求应符合现行国家标准《住宅性能评定技术标准》GB/T 50362 的有关规定，并且性能认定达到 3A（AAA）级别的要求。

**【3.0.13 百年住宅建筑设计与评价】**

**3.0.13** 新时代好住房建设应遵循建筑长寿化原则，并应符合现行团体标准《百年住宅建筑设计与评价标准》T/CECS-CREA 513 的有关规定。

当前的住房建设很少考虑住宅全寿命周期的长远价值，住宅居住品质不能得以长期维持。我国相当数量的既有住宅，平均使用寿命比较短的原因是多方面的，一是原材料品质和造价因素，二是设计及施工问题，三是维护检修问题，四是大量无序的拆迁。在我国住宅生命周期呈短寿命型，因为思想意识和利益驱动等社会经济原因，处于使用年限内的住宅被拆除，不符合可持续的科学发展观原则；由于结构安全质量、建筑老化和使用维护问题等建设与居住原因所致相当多的建筑被毁坏，造成了大量资源浪费和居住者与社会财富的巨大损失。

当前，提高住宅耐久性，延长建筑使用寿命应成为住房建设领域重点课题。提高住宅耐久性且全面延长提高住宅的使用寿命，可节约大量资源并提高资源利用率。因此，重新审视今天的大量生产、大量消耗、大量废弃型的传统住宅建设模式，加强全社会对于住宅寿命和耐久质量问题的认识，大力推进长寿化住房建设成为我国住房建设发展的当务之急。

# 4 建设产业化

## 4.1 一般规定

### 【4.1.1 建设产业化】

**4.1.1** 新时代好住房建设应满足建设产业化的要求，并应满足工业化、数字化、绿色化的新型建造方式的要求。

工业化设计建造是生产方式的工业化，是建筑生产方式的变革，主要解决住宅建造过程中的生产方式问题，有效地发挥工厂生产的优势，建立从建筑科研、设计、部品部件生产、施工安装等全过程生产实施管理的系统。产业化是针对整个建筑产业链的一个发展过程，是解决全产业链、全寿命期的发展问题，重点解决住宅建造过程的连续性，使资源优化、效益最大化。

应以工业化生产建造方式为原则，做好建筑设计、生产运输、装配施工、运营维护等产业链各阶段的设计协同，将有利于设计、施工建造的相互衔接，保障生产效率和工程质量。

### 【4.1.2 模数协调】

**4.1.2** 住宅建筑支撑体与建筑填充体设计应遵循模数协调原则，并应符合现行国家标准《建筑模数协调标准》GB/T 50002 的规定。

住宅的建筑支撑体和建筑填充体应为整体实施工业化生产建造创造基础性条件，建筑模数协调的重点是建筑支撑体和建筑填充体的协调，因此应符合现行国家标准《建筑模数协调标准》GB/T 50002 的规定。住宅建筑设计的建筑模数协调涉及生产、运输、施工、安装及其运营维护等以工业化生产建造为主要环节，部品部件应符合基本模数或扩大模数的生产建造要求，做到部品部件设计、生产和安装等相互间尺寸协调，并优化部品部件尺寸和种类。

### 【4.1.3 系统协同】

**4.1.3** 新时代好住房设计应采用协同设计的方法，满足 SI 住宅建筑体系的生产建造全产业链要求。

住宅建筑设计的协同设计方法主要指建造全过程的整体性和系统性的方法和过程，既应满足建筑支撑体与建筑填充体相协调的整体性要求，也应满足住宅建筑设计与生产运输、装配施工、运营维护等各阶段协同工作的系统性要求。设计协同工作应包括以下内容：

（1）应进行建筑、结构、机电设备、室内装修一体化设计的同时，通过专业性设计协同实现集成技术应用，如建筑结构体与建筑内装体的集成技术设计、建筑内装体与设备及管线的集成技术设计、设备及管线与建筑结构体分离的集成技术设计等专业性设计协同。

（2）以工业化生产建造方式为原则，做好建筑设计、构件部品生产运输、装配施工、运营维护等产业链各阶段的设计协同，将有利于设计、施工建造的相互衔接，保障生产效率和工程质量。

（3）除常规图纸要求外，还宜包括主体构件和内装部品的施工图和详图部分。其图纸应整体反映主体构件和内装部品的规格、类型、加工尺寸、连接形式和设备及管线种类与定位尺寸，设计应满足构件部品的生产要求。

**【4.1.4 数字化技术】**

**4.1.4** 新时代好住房设计应采用数字化技术，将设计信息与部品部件生产运输、施工建造和使用维护等环节有效衔接。

住宅应结合数字化技术进行设计协同工作，贯通设计信息与构件部品的生产运输、装配施工和运营维护等各环节，通过信息化技术设计提高工程建设各阶段各专业之间协同配合的效率、质量和管理水平。可采用建筑物联网技术，统筹构件部品设计与生产施工和运营维护，对构件部品的建筑全寿命期进行质量追溯。

**【4.1.5 SI 体系与建造方式】**

**4.1.5** 新时代好住房建设应遵循SI住宅建筑系统集成与精益设计建造的要求，并应满足住宅工程建造质量提升的要求。

精益设计建造方法是住宅建筑支撑体与住宅建筑填充体一体化设计与建造的方法和过程。系统集成应在进行建筑、结构、机电设备、室内装修一体化设计的同时，通过专业性设计实现集成技术应用，如建筑支撑体与建筑填充体的集成技术设计、建筑填充体与设备及管线的集成技术设计、设备及管线与建筑支撑体分离的集成技术设计等专业性设计协同等。

## 4.2 系统集成与精益设计

**【4.2.1 大空间方式】**

**4.2.1** 新时代好住房建筑设计应采用大空间布置方式，并采用轻质隔墙划分套内空间。

现有住宅建筑多为砌体和剪力墙结构，其承重墙体系严重限制了居住空间的尺寸和布局，不能满足居住者家庭结构的变化和居住者对居住品质的更高要求，而大空间布置方式能提高空间的灵活性与可变性，满足多样化需求。室内空间划分可采用轻质隔墙进行灵活划分，隔墙架空层内还可布置设备管线，方便检修和日后改造更新。

**【4.2.2 管线分离设计】**

**4.2.2** 新时代好住房套内的给水排水管道、供暖通风空调管线和电气管线应采用管线分离方式进行设计，并应满足下列要求：

**1** 给水系统应采用给水分水器系统，并应采用分水器到用水点的单管连接方式；

**2** 排水系统应采用同层排水方式；

**3** 给水排水管道宜敷设在轻质隔墙空腔、吊顶或楼地面架空层内，并应采取隔声减噪和防结露等措施；

**4** 供暖、通风、空调和新风等管道宜敷设在楼地面架空层或吊顶空间内；

**5** 电气管线宜敷设在轻质隔墙空腔、架空层或吊顶空间内。

住宅建筑设计应保证建筑耐久性和可维护性的要求，给水排水、供暖通风空调和电气等管线宜采用与建筑支撑体相分离的设计方式，并满足生产建造方式的施工及其管理要求。

管线与结构、墙体的寿命不同，给建筑全寿命期的使用、装修和维护带来了很大的困难。建筑结构与设备管线分离设计，有利于建筑的长寿化。建筑结构不仅仅指建筑主体结构，还包括外围护结构和公共管井等可保持长久不变的部分。建筑结构与设备管线分离设计便于设备管线维护更新，可保证建筑能够较为便捷地进行管线改造与更换，从而达到延长建筑使用寿命目的。

卫生间采用同层排水，即排水横支管布置在排水层、器具排水管不穿越楼层的排水方式，此种方式可避免上层住户卫生间管道故障检修、卫生间地面渗漏及排水器具楼面排水接管处渗漏对下层住户的影响。住宅建筑设计宜避免套内排水系统传统设计中排水立管竖向穿越楼板的方式，套内排水管道宜优先采用同层敷设。

**【4.2.3 模块化设计】**

**4.2.3** 新时代好住房建筑设计应在标准化基础上，将楼栋、套型和功能空间等作为不同层级的基本模块进行设计，并应满足下列要求：

**1** 基本模块应满足标准化与系列化要求；

**2** 基本模块应满足空间灵活可变性要求；

**3** 基本模块应满足部品部件的通用化要求。

模块化设计方法是标准化设计的基础。从住宅的可建造性出发，住宅平面与空间的标准化为基础的模块化设计方法应采用楼栋单元、套型和功能空间模块等不同层级的通用性基本模块，并确立各层级模块的标准化和系列化的尺寸体系。套型模块由若干个不同功能空间模块或部品模块构成，通过模块组合可满足多样性与可变性的居住需求。常用部品模块主要有整体卫浴、集成厨房和系统收纳等。标准化模块化与多样化个性化并不对立，二者的有机协调配合能够实现标准化前提下的多样性个性化。可以用标准化模块结合核心筒模块组合出不同的平面形式和建筑形态，创造出多种组合类型，为设计的适应性要求提供优化设计。

**【4.2.4 层高选择】**

**4.2.4** 新时代好住房层高应结合空间净高要求，综合架空层构造后，合理确定建筑层高。

采用装配式吊顶、楼地面集成式部品时，通常采用架空层构造做法。因此住宅的层高要根据架空层选择合适的层高，架空层通常同层敷设套内的各种设备与管线。

**【4.2.5 集中用水空间】**

**4.2.5** 新时代好住房套型设计应集中布置用水空间，并应结合结构、功能和管线管井要求，合理布置厨房和卫浴的位置，并应符合检修更换的要求。

厨房和卫生间是住宅建筑的核心功能空间，其空间与设施复杂，需要用标准化与集成化的手段来实现。新时代好住房应满足空间的灵活性与可变性的要求，套内用水空间往往对灵活性与可变性空间制约较大，要重点考虑厨房和卫生间的标准化，宜将用水空间相对集中布置，合理确定厨房和卫生间的位置。

【4.2.6 集中管井】

> **4.2.6** 新时代好住房设备管线应进行一体化集成设计，公共区域的共用设备及管线应集中布置，共用管线和管道井应设置在公用空间，并应选择集成化、模块化部品。

设备管线应该根据用水空间等功能空间，并考虑结构等因素进行一体化集成设计，共用管道井以及共用设备管线尽量集中布置在共用空间内，并采用模块化、集成化部品，提高施工精度和便捷性。

【4.2.7 综合布线】

> **4.2.7** 新时代好住房楼栋和套内给水排水、供暖通风空调和电气等管线应进行综合布线设计，竖向管线宜相对集中布置，横向管线宜避免交叉。

楼栋和套内给排水、暖通和电气等管线除了统筹考虑结构系统、内装系统等要素进行集成设计外，还需要进行管线内部的精细化综合设计，包括布线方式、布线路由等。

住宅建筑设计应注重部品通用性和互换性的要求，给水排水、供暖通风空调和电气等管线及各种接口应采用标准化产品。预制结构构件如必须穿洞时，则应预留预埋孔洞或套管，不应在预制结构构件上凿剔沟、槽、孔、洞。

给水排水、供暖通风空调和电气等系统及管线的设计协同和管线综合设计是住宅建筑设计的重要内容，其管线综合设计应符合各专业之间、各种设备及管线间安装施工的精细化设计及系统性布线的要求，管线宜集中布置、避免交叉。集中管道井必须设计合理，且检修口的尺寸必须满足管道检修更换的空间要求。这样做可以确保在需要进行维护或更换时，维修人员可以方便地进入并进行必要的操作，提高了管道系统的可维护性。

## 4.3 建筑支撑体与体系协同

【4.3.1 形体规整】

> **4.3.1** 新时代好住房的建筑形体应简单规整，在符合功能要求的同时满足安全性和经济性要求。

住宅的平面应简单规整，平面凹凸过多不仅不利于施工建造，也不利于节能环保和成本控制。

【4.3.2 立面设计标准化与多样化】

> **4.3.2** 新时代好住房立面设计应通过标准化、多样化的排列组合形成丰富的立面效果。

【4.3.3 结构设计】

> **4.3.3** 新时代好住房建筑支撑体应符合现行国家标准《工程结构可靠性设计统一标准》GB 50153、《建筑结构荷载规范》GB 50009 和《建筑抗震设计标准》GB 50011 的有关规定。混凝土结构应符合现行国家标准《混凝土结构设计标准》GB/T 50010 的规定，其他结构类型的支撑体应满足现行相关标准规范的耐久性要求。

住宅注重物理耐久性和功能耐久性，但更加强调功能耐久性。物理耐久性通过提高结构设计使用年限来实现，住宅提倡符合结构设计使用年限 100 年的要求进行计算。

根据现行国家标准《工程结构可靠性

设计统一标准》GB 50153 的规定，当设计工作年限为 100 年时，荷载调整系数 $\gamma_L$ 等于 1.1。设计人可根据业主的要求确定主体结构合理的设计使用年限。从建筑物全寿命设计的角度来讲，合理确定耐久性设计使用年限，正确进行耐久性设计具有重大经济意义。我国目前在耐久性设计和施工方面存在着诸多问题，很多工程竣工使用后远未达到设计使用年限，就开始大规模维修，造成资源能源消耗和人力财力浪费。

对于地震作用设计取值，目前按照重现期为 50 年的多遇地震进行结构设计，对于设计工作年限超过 50 年的结构，参照现行国家标准《建筑抗震设计标准》GB/T 50011 中第 3.10.3 条及条文说明，其地震作用需要做适当调整，取值经专门研究提出并按规定的权限批准后确定。当缺乏当地的相关材料时，其调整范围为：设计工作年限 70 年取 1.15 ~ 1.2，100 年取 1.3 ~ 1.4。

**【4.3.4 支撑体预制部（构）件】**

**4.3.4** 新时代好住房建筑支撑体宜采用预制部（构）件，并应满足下列要求：

**1** 预制部（构）件连接应满足受力合理、构造简单和现场连接可靠等要求；

**2** 预制部（构）件设计应满足标准化要求，还应与生产工艺相结合，优化规格尺寸，并满足装配化施工的安装调节和公差配合要求；

**3** 预制部（构）件设计应满足生产运输、施工条件的要求；

**4** 预制部（构）件应结合住宅使用功能和内装要求预留孔洞或管线接口。

住宅的主体结构采用了预制装配式结构时，主体构件的设计以及连接都应该满足装配式建筑对主体构件的所有要求。主体构件及连接受力合理、构造简单和施工方便符合工业化生产的要求，并采用通用性强的标准化预制构件。住宅的承重墙、梁、柱、楼板等主要主体构件可全部或部分采用工厂生产的标准化预制构件，应在楼梯、阳台、空调板等部位采用预制构件。

**【4.3.5 外围护系统】**

**4.3.5** 新时代好住房应根据结构类型和地域气候条件合理选择适宜的外围护系统。

## 4.4 建筑填充体与部品装修

**【4.4.1 填充体设计建造】**

**4.4.1** 新时代好住房建筑填充体应满足一体化、集成化、通用化、装配化的设计与建造要求，并应符合现行行业标准《装配式住宅建筑设计标准》JGJ/T 398、《装配式内装修技术标准》JGJ/T 491 的规定。

住宅建筑填充体的集成设计与建造，应遵循下列原则：

一体化原则：装配式装修应遵循建筑、装修、部品一体化的设计原则，推行工业化内装标准化、模数化、通用化。

集成化原则：宜实现以集成化为特征的成套供应及规模生产，实现内装部品、厨卫部品和设备部品等的产业化集成。

通用化原则：内装部品体系应采用模数化、标准化的工艺设计，并执行优化参数、公差配合和接口技术等有关规定，以提高其互换性和通用性，并在更换时不影响其他住户。

装配化原则：内装部品配件应以工厂化加工为主，部品安装应满足干法施工的要求。

**【4.4.2 内装部品要求】**

**4.4.2** 新时代好住房建筑设计应满足内装部品的连接、检修更换、物权归属和设备及管线使用年限的要求，并应满足下列要求：

**1** 共用内装部品不宜设置在套内专用空间内；

**2** 设计工作年限较短的内装部品在维修和更换时，不应破坏设计工作年限较长的内装部品；

**3** 套内内装部品的维修和更换不影响共用内装部品和其他内装部品的使用。

建筑内装体应考虑内装部品的后期运维及其物权归属问题，根据不同材料、设备、设施具有不同的使用年限，内装部品设计应满足使用维护和维修改造要求。部品连接与设计应遵循以下原则：第一，应以套内专用部品的维修与更换不影响共用部品为原则；第二，应以设计工作年限较短部品的维修和更换不破坏设计工作年限较长部品为原则；第三，应以套内专用部品的维修和更换不影响其他住户为原则。

**【4.4.3 集成化部品】**

**4.4.3** 新时代好住房建筑设计应采用装配式隔墙、吊顶和楼地面等集成化部品，并应满足下列要求：

**1** 集成隔墙应便于现场安装。目前采用的隔墙有：轻质条板类、轻钢龙骨类、木骨架组合墙体类等。集成隔墙应在满足建筑荷载、隔声等功能要求的基础上，合理利用其空腔敷设电气管线、开关、插座、面板等电气元件。

**2** 集成吊顶应在保证装修质量和效果的前提下，便于维修，从而避免剔凿，保证建筑结构体在全寿命期内安全可靠。吊顶内宜设置可敷设管线的吊顶空间，吊顶宜设有检修口。

**3** 集成楼地面宜采用可敷设管线的集成化部品。集成楼地面主要是为实现管线与结构主体相分离，管线维修与更换不破坏主体结构，可提高室内声环境质量。当采用地暖采暖时，地暖系统宜采用干式地暖系统部品。

**【4.4.4 模块化部品】**

**4.4.4** 新时代好住房建筑设计应采用整体卫浴、集成厨房和系统收纳等模块化部品，并应符合下列规定：

**1** 卫生间优先选用标准化系列化整体卫浴；

**2** 厨房优先选用标准化系列化集成厨房；

**3** 收纳空间优先选用标准化系列化系统收纳。

模块化部品体系是住宅内装部品体系的重要组成部分。整体卫浴、集成厨房和系统收纳采用标准化设计和模块化部品尺寸，便于工业化生产和管理，既为居住者提供更为多样化的选择，也具有环保节能优、质量品质高等优点。

工厂化生产的模块化整体卫浴、集成厨房和系统收纳单元部品通过整体集成、整体设计、整体安装，从而集约实施标准化设计工业化建造，其生产安装可避免传统设计与施工方式造成的各种质量隐患、全面提升建设综合效益。整体卫浴、集成厨房和系统收纳设计时，应与部品厂家协调土建预留净尺寸、设备及管线的安装位置和要求，协调预留标准化接口，便于后期运维。

【4.4.5 架空层管线集成】

**4.4.5** 当设置架空层时，隔墙、吊顶、楼地面应结合管线进行集成设计。

集成化部品体系的影响要素主要有部品模数、部品标准化、接口通用化和部品认定保障制度等。其中墙面、吊顶及地面系统是实现建筑填充体设计的核心内容，其装配式隔墙系统、装配式吊顶系统、集成化架空地板系统以及墙面设置架空层的装配式贴面墙系统等集成化部品的运用，是内装部品体系的重要组成部分。

（1）装配式隔墙方面，空间布局灵活，重量轻，易于拆改，后期维修、改造、施工速度快，质量易于控制，利于干法施工，施工周期短，垃圾产生量少，有利于施工过程中的节能环保。装配式内隔墙板吊挂力较弱，内部龙骨又为定距，因此固定物件的紧固件很难定位，所以应预先确定固定点的位置、形式和荷载，以便通过调整龙骨间距，增设龙骨横撑、预埋木方等方法为外挂安装提供条件。对室内隔墙的设计应分别满足住宅建筑隔声性能和防火要求；室内分室墙宜采用轻质隔墙，构造设计应满足防火和隔声要求；用作厨房和卫生间等潮湿房间的分隔墙应满足防水要求，并加强与主体结构的连接。住宅中尽可能考虑后期业主购买非标准的电器设备，隔墙位置应能简单拆减，满足业主需求。

（2）装配式吊顶方面，电气管线等宜与楼板分离，可将电气管线敷设在吊顶内，并采用专用吊件固定在楼板上，不宜在楼板上钻孔、打眼和射钉。顶面板宜采用纸面石膏板、木质人造板、金属板、纤维增强硅酸钙板、纤维水泥加压板等符合环保、消防要求的材料。

（3）装配式楼地面方面，架空楼地板系统是为实现管线与建筑支撑体分离，方便维修与更换不破坏主体结构。同时，架空地板系统也有良好的隔声性能，可提高室内声环境质量。地面铺装面层材料应有足够的强度，龙骨、垫木、地板等木料的含水率，以及防腐、防蛀、防火处理等均应符合国家现行标准的有关规定。架空地板高度应根据采暖、排水管线的长度、坡度进行计算。

【4.4.6 电气系统设计】

**4.4.6** 新时代好住房的电气系统设计应满足施工安装、使用维护的便捷性要求，并应符合下列规定：

**1** 电气设备应采用安全、可靠、节能的产品，系统应符合现行行业标准《住宅建筑电气设计规范》JGJ 242 的规定；

**2** 家居配电箱、家居配线箱、家居控制器宜设置在套内走廊、门厅、起居室等便于维护的填充墙体上；

**3** 配电线路应敷设在轻质隔墙空腔及架空层内，不应埋设在住宅建筑支撑体内，并采取防火保护措施；

**4** 终端出线口（盒）宜设置在外墙内侧或分户墙体上。

【4.4.7 设备及管线接口标准化】

**4.4.7** 新时代好住房设备及管线宜选用装配化集成部品，其接口应标准化，并应满足通用性和互换性的要求。

住宅内装部品宜采用体系集成化成套供应、标准化接口，主要是为减少不同部品系列接口的非兼容性。住宅建筑设计应注重部品通用性和互换性的要求，给水排水、供暖通风空调和电气等管线及各种接口应采用标准化产品。

【4.4.8 干式地暖】

> **4.4.8** 新时代好住房的采暖系统宜采用干式工法的地暖系统。

住宅室内供暖系统优先采用干式工法施工的、低温热水地面辐射供暖系统。采用地板辐射供暖，其安装施工可以在土建施工完毕后即可施工，也减少了预埋工作量。此外，地板辐射采暖的舒适度优于散热器采暖。传统的湿式地暖系统产品及施工技术，其楼板荷载较大，施工工艺复杂，管道损坏后无法更换，而工厂化生产的装配式干式地暖系统的集成化部品具有施工工期短、楼板负载小、易于维修改造等优点。

干式地暖的集成化部品常见的有两种模式，一种是装配式楼地面供暖的集成化部品，是由基板、加热管、龙骨和管线接口等组成的地暖系统。另一种是现场铺装模式，是在传统湿式地暖做法的基础上做出改良工法，无混凝土垫层施工工序，施工工艺为干式作业技术。

【4.4.9 烟气直排】

> **4.4.9** 新时代好住房的厨房、卫生间应采取通风排气措施，宜设置水平排气系统，并应符合下列规定：
>
> **1** 其室外排气口应采取避风挡雨、防止污染墙面和防止对周围空气污染等措施；
>
> **2** 卫生间排风、厨房排烟和负压通风系统应设置相应的防倒流设施；
>
> **3** 管道应采用防火、无毒材料制作，管道之间的接头和接缝应严密光滑；
>
> **4** 排风系统应采用标准化接口，并应在靠外墙房间的合理位置设置对应的进风口。

当前住宅建筑的厨卫排气系统及设计大多采用设置竖向管道井的垂直且共用风道的竖向换气方式，使用存在串味、物权不清和不利于标准化模块化设计建造上等问题，根据国内外住宅的品质与建造经验，厨卫设置水平式排气系统有利于解决上述问题。

## 4.5 工程质优与通病控制

【4.5.1 质量通病与性能问题管控】

> **4.5.1** 新时代好住房建设应系统性制定品质提升目标与设计建造管控方案，解决工程质量通病与突出的性能问题：
>
> **1** 应在策划阶段制定防水技术专项，加强外墙、外窗、阳台、地下室等关键部位的防水工艺做法，降低漏水、渗水、结露等问题，如适度提高结构整体自防水性能、外墙采取防水措施等；
>
> **2** 应对外墙构造做法进行优化，减少装修面层结露、发霉等问题，如选用耐候性高、抗风化能力强的饰面材料、加固保温层、消除热桥、选用防潮腻子与防霉涂料以及设置防护结构、选用新型外围护体系等；
>
> **3** 应采取防空鼓、防开裂工艺工法，增加室内施工精度，减少墙体开裂等问题，如优化找平层、减少湿作业、选用薄抹灰工艺等；
>
> **4** 应采用被动隔噪与主动降噪相结合的措施，对住房的外门窗、户内隔墙、楼板、设备、管道等进行隔声降噪处理，如设置浮筑楼板、选用静音洁具、包覆管道等；
>
> **5** 应对套内气流组织进行专项设计，并在室内装修时选用绿色环保建材，提升室内空气质量，如在满足节能要求

的前提下适当增加开启扇，设新风换气系统、选择低 VOC 环保材料等。

6 应对卫生间排水系统进行优化设计、合理选型，防止漏水与下水道反臭，如设置存水弯、选用大水封地漏等；

7 宜采用烟气直排系统，避免厨房排烟道串味；当采用垂直排气道系统时，应对厨房排烟系统进行精细化设计、合理选型，选用成系统排气道。

本条规定了住宅工程质量管控与性能提升要素。

**【4.5.2 设计建造技术】**

**4.5.2** 新时代好住房建设应采取提升质量的集成技术，并应满足下列要求：

1 采用专业化优良部品建材；

2 应用设计建造技术和产品；

3 应用集成建造工法工艺。

新建住房的施工过程中应该采用专业化、优质的建材和部品，这些建材和部品应该符合国家标准并且具有良好的性能和质量稳定性。通过采用专业化的建材和部品，可以确保施工质量和建筑物的使用寿命，提高整体的品质水平。同时应该采用先进的设计和施工技术，以及适用的产品和设备，提高施工效率，降低成本，并确保建筑物的质量和品质。采用先进的施工工艺和技术手段，提高施工效率和质量水平，实现施工质量和品质的提升，同时降低施工成本。

**【4.5.3 产业化技术】**

**4.5.3** 新时代好住房建设应通过推动产业化进程提升品质，并应符合下列规定：

1 提升住宅产业化集成技术水平的建设；

2 提高建材、部品与设备设施的装修产业化水平与全产业链建设；

3 提升产业体系、服务模式和供应水平与创新建设。

住宅产业化集成技术是指将建筑设计、生产、施工、运营等环节进行全面整合和优化，通过标准化、模块化和工厂化的生产方式，可以降低建筑成本，缩短工期，提高建筑质量，促进住房市场的健康发展。

装修产业化是指通过标准化、规模化和工厂化的生产方式，提高装修材料和部品的质量和效率。全产业链建设则包括了从材料供应、生产制造、施工安装到售后服务等全过程的优化和整合。通过提高建材、部品与设备设施的装修产业化水平和全产业链建设，可以提高装修质量，降低成本，并为住房提供更加优质的装修服务。

产业体系包括了建筑行业的各个环节和参与主体，服务模式则包括了从设计咨询、施工管理到售后服务等方方面面的服务方式，供应水平则关乎建材、设备设施等的供应效率和质量。通过创新建设产业体系、服务模式和供应水平，可以提高建筑行业的整体水平和竞争力，为住房提供更加优质的产品和服务。

**【4.5.4 新技术与新科技】**

**4.5.4** 新时代好住房建设应采用统筹新一代信息技术、绿色低碳技术、新型建造技术的新产品、新工艺、新材料。

## 【4.5.5 智能建造】

**4.5.5** 新时代好住房建设应满足智能建造的要求，宜采用降低能源消耗和环境影响的易建性集成技术和高效建造的自动化设备等手段，实现生产方式的智能化。

采用的智能建造设备或技术越多，施工现场的自动化水平就越高，施工效率、质量和安全性都将进一步提高。通过促进自动化、智能化设备与技术研发，推动现场采用智能建造设备或技术，全面提高现场建造效率与精度。

# 5 建筑长寿化

## 5.1 一般规定

【5.1.1 安全性能要求】

**5.1.1** 新时代好住房应满足结构承载力，建筑防火、燃气及电气设备安全，日常安全防范等方面系统性安全性能的要求，并应符合现行国家标准《住宅性能评定标准》GB/T 50362 中耐久性能的规定。

【5.1.2 耐久性能要求】

**5.1.2** 新时代好住房应满足住宅工程的结构工程、地下室防水工程、有防水要求房间、屋面防水、装修工程、管线工程、设备工程、门窗和外保温等方面系统性耐久性能的要求，并应符合现行国家标准《住宅性能评定标准》GB/T 50362 中耐久性能的规定。

【5.1.3 全寿命期支撑体性能】

**5.1.3** 新时代好住房应在全寿命期内采取全面提高住宅建筑支撑体安全性能、抗震性能和耐久性能的技术措施。

【5.1.4 家庭全生命周期适应性设计】

**5.1.4** 新时代好住房套内空间的设计应适应家庭全生命周期不同阶段的生活变化需求。

住宅宜根据居住者年龄、婚姻状况、子女状况等家庭结构的不同，使住宅内部空间功能变化。从全生命周期视角，由于居住者家庭结构的变化、产权交易等因素，居住者对住宅空间的使用需求会发生变化。在传统住宅中，由于居住者很难对空间进行二次调整，增加了改造、装修等带来的资源消耗和碳排放量。在设计理念上应采取住宅可变设计措施，以便于对居住者的动态需求进行响应。为满足居住者对住宅空间的使用需求的变化，应实现住户空间的可再次分隔、易改造性，保证分隔方式的多样化。

【5.1.5 存量利用】

**5.1.5** 新时代好住房应对既有住房存量资源进行合理利用。

合理利用已经存在的住房资源，不仅要充分利用现有的住房空间，还要确保这些住房资源的使用是经济高效、环境友好的。鼓励采取措施，如提高住房使用率、合理规划和设计住房空间，以确保现有住房资源得到最大化的利用。这可以通过改善房屋结构、更新设施设备或采用更灵活的住房布局等方式实现。通过延长住房的使用寿命、减少能源消耗和废弃物产生等方法，确保住房资源的可持续利用。例如，采取节能措施、加强维护保养、推广可再生能源应用等。

## 5.2 灵活长寿性能

### 【5.2.1 支撑体长寿性能】

**5.2.1** 混凝土结构住宅建筑支撑体应采取下列有效措施提高长寿性能：

**1** 提高混凝土材料的耐久性质量要求；

**2** 增加钢筋的混凝土保护层厚度；

**3** 提高混凝土构件裂缝的控制要求；

**4** 提高混凝土抗渗性能。

对于建筑支撑体而言，无论采用哪种结构形式，其设计工作年限以达到100年为前提。可以通过基础及结构牢固、加大混凝土保护层厚度、提高混凝土强度、定期涂装或装修等措施加以保护，提高主体结构的耐久性能。

### 【5.2.2 空间适应性层级】

**5.2.2** 新时代好住房的建筑填充体应对居住单元、套内空间、功能布局等层级进行合理设计，满足居住空间适应性要求。

住宅建筑根据建筑填充体样式、种类不同，建筑填充体适应性宜体现在以下三个等级：

（1）楼层内改变居住单元。

（2）居住单元内改变房间布置。

（3）房间内改变功能布局。

### 【5.2.3 灵活性可变性】

**5.2.3** 新时代好住房的套内空间应根据多种功能和使用需求，采取灵活性可变性的设计措施。

灵活性可变性主要表现在空间的自由可变和管线设备的可更换层面，表现在可进行灵活设计的套型平面、设备选择，以及隔墙与设备管线等。

套型设计应符合生活方式多样化、家庭结构多元化要求，采用灵活性套型系列；通过采用灵活性套型系列，可以提供不同的布局选择，以适应不同人群的需求，例如，单身者、家庭、老年人等。这种灵活性能够更好地满足不同人群的需求，提高住宅的适用性。套型设计应注重标准化，并且将功能空间及套型作为基本模块进行设计，形成标准化、系列化，满足功能空间的灵活可变性要求。

### 【5.2.4 后期装修空间弹性】

**5.2.4** 新时代好住房的套内空间设计应满足后期装修的空间弹性、可更新性的要求。

## 5.3 安全耐久性能

### 【5.3.1 结构承载力】

**5.3.1** 新时代好住房建筑结构应满足承载力和建筑使用功能要求，并应符合现行国家标准《建筑结构荷载规范》GB 50009的规定。

应对建筑结构进行计算分析，以确保结构的稳定性、承载能力和安全性。

（1）建筑结构应满足承载力和建筑使用功能要求，并应符合下列规定：

1）地基基础满足承载力和稳定性要求，地基变形满足规范要求；

2）楼面和屋面活荷载标准值满足规范要求；基本风压、雪压重现期满足现行国家标准《建筑结构荷载规范》GB 50009的要求。

（2）楼面和屋面活荷载标准值高出规范限值且高出幅度≥25%；并满足下列两项之一：

1）采用重现期大于现行规范要求的基本风压，或对住宅建筑群在风洞试验的基础上进行设计；

2）采用重现期大于现行规范要求的最大雪压，或考虑本地区冬季积雪情况的不稳定性，适当提高雪荷载值按本地区基本雪压增大20%采用。

【5.3.2 抗震安全】

**5.3.2** 新时代好住房建筑形体及部件的布置应满足规则性的要求，抗震性能与构造措施可高于抗震规范相应要求，并应符合现行国家标准《建筑抗震设计标准》GB/T 50011的规定。

建筑形体及其部件布置的规则性可以减少预制构件的类型，不规则建筑形体及其部件布置会增加预制构件的规格数量及生产安装的难度，且会出现各种非标准的构件，不利于降低成本及提高效率。在建筑平面设计中，要从建筑主体结构和经济性角度优化设计，尽量减少平面的凸凹变化，避免不必要的不规则和不均匀布置，因此建筑设计应重视平面、立面和竖向剖面的规则性对抗震性能及经济合理性的影响。

建筑结构的抗震设计必须符合现行国家标准的规定。抗震设计涉及结构的各个方面，包括结构形式、材料选用、连接方式等，需要根据建筑的使用功能、地理位置和地震烈度等因素进行科学合理的设计，确保建筑在地震发生时能安全稳定地承受荷载并保护生命财产安全。

抗震构造措施可高于抗震规范相应要求，或采取抗震性能更好的结构体系、类型及技术。

【5.3.3 防火安全】

**5.3.3** 新时代好住房外围护系统的防火设计与消防设施应符合现行国家标准《建筑防火通用规范》GB 55037和《建筑设计防火规范》GB 50016中关于各类材料燃烧性能的相关规定。

【5.3.4 外围护安全耐久】

**5.3.4** 新时代好住房可采用集成化外围护部品系统，并采取提升外围护系统耐久性的技术措施：

**1** 提升建筑外墙饰面的安全耐久性；

**2** 提升屋面、门窗及外保温的安全耐久性；

**3** 提升建筑整体防水性能，强化防渗漏。

住宅的建筑耐久性能不仅体现在建筑支撑体的耐久性上，外围护系统的耐久性也是住宅建筑中的重要课题。目前，外围护系统的使用年限远远低于结构系统，特别是外保温系统，由于常年外部自然条件使得外保温系统产生的劣化、剥落等现象屡有发生。住宅提倡采用集成化外围护系统以及耐久性高的外围护部品，并应采用措施提高外围护系统的耐久性。

建筑外墙、建筑外保温系统、屋面、幕墙门窗防水等应符合国家现行标准《建筑外墙防水工程技术规程》JGJ/T 235、《外墙外保温工程技术标准》JGJ 144、《屋面工程技术规范》GB 50345、《建筑幕墙》GB/T 21086、《塑料门窗工程技术规程》JGJ 103、《铝合金门窗工程技术规范》JGJ 214等关于防水材料和防水设计施工的规定。

外门窗应以满足不同气候及环境条件下抗风压性能、水密性能指标和等级，并应符合国家现行标准《塑料门窗工程技术规程》JGJ 103、《铝合金门窗工程技术规范》JGJ 214等的规定。外门窗的检测与验收应按国家现行标准《建筑外门窗气密、水密、抗风压性能检测方法》GB/T 7106、《建筑外窗气密、水密、抗风压性能现场检测方法》JG/T 211、《建筑门窗工程检测技术规程》JGJ/T 205、《建筑装饰装修工程质量验收标准》GB 50210等的规定执行。

【5.3.5 安全疏散】

**5.3.5** 新时代好住房应采取措施提高疏散保障能力，住区及建筑内主要通道的安全疏散标识系统应易于识别。

住房公共区域的交通系统应具有防灾应急保障能力，可通过通道净空、出口数量、与建（构）筑物安全距离及方向标识等方面的设置提高交通保障能力。

## 5.4 防灾韧性与设施保障

【5.4.1 防灾与韧性设计】

**5.4.1** 新时代好住房与住区应进行防灾与韧性设计，并应符合下列规定：

**1** 增强事故灾难和重大危险防范能力；

**2** 开展防灾体系优化和防灾设施基础建设；

**3** 基本防灾设施、设备配置完备。

应对抗震、抗风、防火、防水防洪等各种突发性灾害，建筑本体、能源供应及相应预防和应急设施、措施必须满足法律、法规和相关标准的规定。

【5.4.2 设备设施灾害预案】

**5.4.2** 新时代好住房与住区应为公共设备设施建立完善的安全监测和应急预案，满足防灾备灾、应急救灾和灾后恢复要求。

依托日常管理机制，遵循平灾结合原则，建立良好的灾害应急机制，可以在受灾时迅速启动并发挥作用，有效组织内部力量自救，尽最大可能减轻灾害损失。建立公共设施的应急预案不仅可以降低设施维修成本，实现节能降低和运行安全，还有利于提高设施运行水平。

提升住宅建筑设施安全监测水平的主要内容有：

（1）设置消防水压、消防水池（箱）水位监测系统，并具有报警功能。消防水压监测系统用于监测消防水管网络中的水压情况，确保消防设施能够正常供水；而消防水池（箱）水位监测系统则用于监测消防水池或水箱的水位，保证水源充足。这些系统一旦监测到水压不足或水位异常，会立即触发报警，以便相关人员及时采取措施解决问题，确保消防设施的有效性和可靠性，提高火灾应对能力。

（2）设置电梯智能监控系统。电梯智能监控系统用于实时监测电梯的运行状态，包括但不限于电梯的位置、运行速度、负荷情况、故障报警等。通过这种监控系统，可以及时发现电梯运行中的异常情况或故障，以及对电梯的安全性进行全面的监控和管理。这样能够有效预防电梯事故的发生，保障居民乘坐电梯的安全。

【5.4.3 灾害事故预警系统】

**5.4.3** 新时代好住房与住区应设有灾害事故预警系统，并应采取以下措施：

1 应设置信息栏、广播、电视、网络、手机、电子显示屏等预警信息发布渠道及信息传播途径，开展科普宣传教育活动，预警信息覆盖率100%；

2 应设置具有参数越限报警、事故报警及公示功能的室外空气质量监测系统；

3 应采用物联网、云计算、人工智能、5G、大数据等新技术提升应急管理能力；

4 灾害事故监测预警系统应能和上级应急指挥系统实现互联互通。

应急通信一般指在出现自然的或人为的突发性紧急情况，通信需求骤增时，综合利用各种通信资源，保障应急救援、紧急救助和必要通信所需的通信手段和方法，是一种具有暂时性的、为应对自然或人为紧急情况而提供的特殊通信机制。

应急通信系统应做到：

（1）应急现场通常会采用多种类型的通信网络保障信息的传递，因此应急通信需要保证多种应急通信手段相互配合、互联互通。

（2）应急通信终端需要具有多种接入方式，保证在应急现场能够接入至少一种通信网络。

（3）应急通信系统需要保证在复杂环境中能够快速组网，及时搭建通信链路。

（4）应急通信系统能够提供多种通信模式，如一对一、一对多和多对多等，保证指挥人员指令的快速下达。

（5）应急通信系统能够满足现场与应急平台之间语音、文字、视频等多种业务的实时可靠传输。

## 【5.4.4 防淹与防洪能力】

**5.4.4** 新时代好住房与住区应提升建筑防淹与防洪能力，并应采取以下措施：

1 地库出入口等采用防淹措施；

2 配电房、水泵房、通信机房等设置防淹措施。

提高住宅防淹与防洪能力可以通过提高工程、材料、构件等的防护等级，提高排水溢流能力，底层架空，提高楼板底面标高，增设防淹装置，提高地面渗透能力等方式实现。设备机房采取必要的防淹措施，如高于室外地坪、设置排水沟等，可以有效保障各项设备在应急情况下的正常运行。

## 【5.4.5 通信信号覆盖】

**5.4.5** 新时代好住房与住区的活动场地、地下车库、电梯等公共部位应实现移动通信信号全覆盖。

实现全覆盖的意义在于确保居民在各个区域都能够方便地进行通信和网络连接，提高生活和工作的便利性。例如，在地下停车场、电梯间、地下室等通常信号较弱或不稳定的区域，如果能够实现信号全覆盖，就能够保证居民在这些地方使用手机、进行网络通信等。

为了实现信号全覆盖，需要考虑以下几个方面的因素：

（1）信号强度和稳定性：在设计住房时，需要考虑各个区域的信号强度和稳定性，采取合适的技术手段来增强信号覆盖和稳定性，如设置信号中继器、天线增益器等设备。

（2）建筑材料和结构影响：建筑材料和结构对移动通信信号的传输有一定影响，例如，钢筋混凝土墙壁和地下室等深度的地下空间可能会削弱信号。因此，在建筑设计和施工过程中，需要选择合适的材料和技术来保障信号的覆盖。

（3）设备布局和部署：需要合理布局和部署移动通信设备，包括基站、中继器等，以确保各个区域的信号能够得到充分覆盖。

**【5.4.6 防灾减灾储能系统】**

**5.4.6** 新时代好住房与住区应设置防灾减灾储能系统。

本条适用于住宅储能系统要素。旨在提高住房抗灾能力，减少自然灾害造成的损失，并为居民提供安全的居住环境。

（1）系统设计与建设：指明系统必须经过专业设计和施工，以确保其功能的有效性和持久性。包括选择适当的储能设备、配备必要的控制系统，并在施工过程中符合相关的法规和安全标准。

（2）储能设备选型：要求选择符合防灾减灾要求的储能设备，包括但不限于太阳能电池板、风力发电装置、储能电池等。这些设备应当具备适当的容量和性能，以满足住房在紧急情况下的能源需求。

（3）系统运行与维护：强调系统运行和维护的重要性。系统必须定期进行检查、保养和维修，以确保其在灾害发生时能够正常运行并发挥作用。此外，居民需要接受相关的培训，了解系统的使用方法和应对策略。

（4）安全性和可靠性：系统必须具备高水平的安全性和可靠性。包括防止火灾、电气故障等安全风险，并确保系统能够在灾害事件中提供持续的能源供应，以保障居民的生命和财产安全。

**【5.4.7 避难逃生措施】**

**5.4.7** 新时代好住房的建筑设计应采取提升防灾避难能力的技术措施：

**1** 建筑主体宜采用消能减震、隔震装置或措施；

**2** 阳台处宜设置垂直逃生设备或产品。

垂直逃生通道是多层、高层住宅重要的逃生设施，相应的结构、防火设计、指示标识、逃生设施等也需要配备完整，以确保垂直逃生通道安全。

消能减震装置的选择应考虑结构类型、使用环境、结构控制参数等因素，根据结构在地震作用时预期的结构位移或内力控制要求，选择不同类型的减震装置；隔震建筑应根据建筑抗震设防类别、设计地震动参数、场地条件、建筑结构类型和使用要求，确定合理的隔震方案。

## 5.5 居住安全与安心使用

**【5.5.1 燃气安全】**

**5.5.1** 新时代好住房燃气管道的设计与安装符合现行国家标准《燃气工程项目规范》GB 55009 的规定，并应满足下列规定：

**1** 燃气灶具有熄火保护自动关闭阀门装置；

**2** 安装燃气设备的空间设置燃气浓度报警器，并应采取措施，防止燃气爆炸引发倒塌事故。

住房的用气安全非常重要，应多措并举，确保燃气使用安全、防止发生安全事故。

（1）熄火保护自动关闭阀门装置可以在燃气灶上的火焰熄灭或意外熄灭时自动关闭燃气供应，以防止未燃烧的燃气泄漏导致安全事故，如火灾或中毒。

（2）燃气浓度报警器能够检测空气中

燃气的浓度是否超过安全范围，一旦检测到燃气泄漏导致浓度超标，就会发出警报，提醒居民及时采取措施，避免燃气中毒或爆炸事故的发生。

（3）安装燃气设备的房间内采取措施，包括但不限于合理布局燃气设备的位置，确保通风良好，防止燃气积聚；采用耐火材料或隔离措施，以减少火灾引发的结构损坏或倒塌风险等，以防止燃气爆炸引发倒塌事故。

**【5.5.2 供电供水安全】**

> **5.5.2** 新时代好住房与住区应保障供电系统、供水系统运行安全，满足居民应急避难的需求。

城市供配电系统为住宅正常运转提供动力，一旦供配电系统遭到破坏，不但影响居民的正常生活，还会导致多个系统功能瘫痪，因此供电系统的电力保障可以采取措施提高供配电设施的安全可靠性和应急性。此外，灾害作用下住房供配电系统破坏，将会严重影响居民的正常生活及应急救援工作。应急供电要优先保障临时指挥、医疗救护、照明等应急功能的需求。根据应急工作开展要求，内部应急供电系统应优先选择双回路系统，无法采用此类供电系统时可设应急电源。

住宅内供水系统安全性能和保障能力取决于供配水官网、管道类型、接口类型、施工质量等，需采取必要的防灾措施并进行维护。同时，避难场所应满足应急供水的最低基本要求，当严重灾害造成市政给水系统中断供水时，应急取水和储水装置是避难场所人员应急供水的主要方式，应保障避难人员基本生活饮用水和医疗用水供给。

**【5.5.3 防盗防坠落安全】**

> **5.5.3** 新时代好住房和住区应满足日常安全防范要求，并应符合下列规定：
>
> **1** 住宅建筑应设置防盗门窗、报警系统等防盗措施；
>
> **2** 住宅建筑应设置防护栏杆等防坠落等措施；
>
> **3** 公共区域及套内空间应设置扶手、防滑地面和报警系统等防滑防跌措施；
>
> **4** 直通地下车库的电梯或通道应采取安全防范措施。

住房应采取安装门锁和窗户锁、防盗窗，以及安装防盗报警系统等措施，有效地防止不法分子进入住宅实施盗窃行为，保护居民的财产安全。同时应在窗户或阳台设置防护栏杆，确保其高度和结构满足安全要求，防止儿童或成人因意外坠落造成伤害。

**【5.5.4 卫生安全】**

> **5.5.4** 新时代好住房应满足卫生安全的要求，住区和楼栋内公共区域采取日常清洁、通风和预防性消毒等措施。

确保建筑物内部的公共区域，如大厅、走廊、电梯等地方的清洁和卫生，通过日常清洁、通风和预防性消毒等措施，减少病毒和细菌的传播，能够有效降低疾病传播的风险，保障居民和使用者的健康。

# 6　品质优良化

## 6.1　一 般 规 定

**【6.1.1 通用设计】**

**6.1.1**　新时代好住房建设应满足居住者日常生活的全龄通用性能要求，并应符合现行国家标准《无障碍设计规范》GB 50763 和《建筑与市政工程无障碍通用规范》GB 55019 的规定。

面对我国人口老龄化危机，应建立“将满足老龄化要求作为所有住宅一项基本品质”的观念，把对老年人的关怀和关注纳入常规建筑设计的基本要求中，为老年人和残疾人提供良好的使用功能空间和条件。

本条明确了住宅应采用满足适老化要求的通用设计。老年人对住宅空间的要求与成年人有所差异，为了适应住宅在全寿命过程中满足居住人群的功能需求，应确保住宅的无障碍设计改造的可能性，如设有公共走道等必要的空间，公共走道的宽度、公共楼梯的台阶、坡度、电梯出入口净宽等部位留有足够的可改造空间，使住宅经过简单改造，适合不同需求人群居住。

**【6.1.2 定期维护维修】**

**6.1.2**　新时代好住房建设应考虑满足长期维护性要求，采取定期维护维修与长久保持住宅全寿命期使用功能的措施，部品连接与设计应根据部品使用年限和权属的不同进行分类：

**1**　设计工作年限较短部品的维修和更换不破坏设计工作年限较长部品；

**2**　住户专用部品的维修与更换不影响共用部品；

**3**　住户专用部品的维修和更换不影响其他住户。

当前，我国大量的住宅设计和施工忽略内装部品的后期维护和检修更换问题，设计应考虑不同材料、设备、设施具有不同的使用年限，内装部品应考虑使用维护和维修改造。

从住宅建筑全寿命期的可持续发展理念和建设及其后期运营维护来看，通过改造更新，住宅应具有长期优良的特性。住宅建筑在寿命期内，功能需求无法满足的情况下，可实现一定程度的改造设计，使其重新满足使用者新的功能需求。

**【6.1.3 物权物业法规】**

**6.1.3**　新时代好住房建设应符合国家相关物权、物业管理等法律法规的规定。

**【6.1.4 基础网络建设】**

**6.1.4**　新时代好住房建设应满足数字家庭的要求，构建工程建设基础设施系统、网络信息基础设施系统。

新建住宅需要考虑居民在日常生活中对信息化设备和服务的需求，包括但不限于互联网接入、电话通信、电视信号接收、智能家居设备控制等。通过满足这些基本需求，住宅可以提供更便利、舒适和智能化的居住环境，满足居民的生活和工作需要。同时还应该建立局域网（LAN）或无线局域网（WLAN）等内部网络系统，使居民可以在家中各个角落方便地访问互联网和局域网资源。此外，也可能包括安装光纤、网线、无线路由器等网络设备，以确保网络连接的稳定性和速度。

## 6.2 适老通用性能

**【6.2.1 适老化通用设计】**

> **6.2.1** 新时代好住房与住区规划应对套内空间、楼栋公共空间和住区环境空间进行适老化设计。

满足残疾人和老年人的需求，是体现对人的最大关怀，是社会发展的要求、时代进步的体现。因此除在特殊的专用住宅中要体现对特殊人群的关怀以外，尚应在普通住宅中创造基本条件，满足无障碍通行及居住的需求，随着我国人口老龄化加速，老年人口比例的上升，这一需求更加明显。

**【6.2.2 无障碍设计】**

> **6.2.2** 新时代好住房与住区规划设计应采取满足通行无障碍、操作无障碍、信息感知无障碍要求的技术措施。

无障碍设计应符合国家现行有关标准的规定。现行国家标准《老年人居住建筑设计标准》GB 50340 对住宅出入口、走廊、楼梯、电梯、门窗、阳台等场所的安全措施均做了相应规定，应按标准要求进行设计，促进和提高居住者生活的安全性、适用性和舒适性。

在户型设计中，应考虑老年人日常生活的需求，消除室内高差，便于轮椅通行；家具和设备的布置应考虑老年人和残障人士能简单、便于操作；提示信息应通过声、光、触觉等途径使居住者能充分感知，如针对视力不好的使用者可以装设闪光设施加以提醒。由于每户面积有限，套内空间设计时要合理设计轮椅转向位置，提倡通过空间的互借和家具设备底部的提升等方式节省轮椅转向面积。

**【6.2.3 适老化通用部品】**

> **6.2.3** 新时代好住房的楼栋公共空间和住区环境空间应采用适老化通用部品。

适老化通用部品是保证住宅所必需的基本功能，在充分了解老年人的特征的基础上选择适老化部品，同时，顺从居住者的生活方式和生命周期，使空间具有灵活性，结合未来护理需要选择适老化通用部品。

**【6.2.4 厨卫便利性可达性】**

> **6.2.4** 新时代好住房的门厅、卫生间等套内功能空间应采用适老化措施，满足通行的便利性和可达性要求。

**【6.2.5 插座高度】**

> **6.2.5** 新时代好住房的套内功能空间主要插座高度宜距离地面 400mm，开关面板的高度宜距离地面 1 000mm。

## 6.3 长期维护性能

【6.3.1 部品维护检修】

**6.3.1** 新时代好住房采用的部品部件应具有维护管理和检修更换的方便性，其检修更换不应影响建筑支撑体的安全性。

【6.3.2 部件维修更换年限】

**6.3.2** 新时代好住房采用的部品部件宜设定维修更换年限。

住宅的部品部件应有各自的耐久年限，到达耐久年限应对部品部件进行相应的维修或者更换。

【6.3.3 维护检修计划】

**6.3.3** 新时代好住房的物业服务机构应制定日常检查及长期维修检修计划。

本条明确住宅应在全寿命周期内制定检查、维护等计划。定期计划包括长期计划和日常计划，应详细记录的内容包括结构主体、防水、给水、排水、设备等的检查计划及内容，可根据其具体情况确定检查周期，确保住宅的相关设备正常使用。

【6.3.4 智慧装修管理制度】

**6.3.4** 新时代好住房的物业服务机构应结合智慧运维系统，健全完善住房装修管理制度。

明确住宅装修的禁止行为和注意事项并告知业主和使用人。同时健全、完善住宅装修制度，加强定期巡视检查制度。

【6.3.5 住房全寿命期保障制度】

**6.3.5** 新时代好住房的物业服务机构应建立住房全寿命期保障制度，并应完善《住宅质量保证书》和《住宅使用说明书》制度。

## 6.4 智慧便捷性能

【6.4.1 智能安防系统】

**6.4.1** 新时代好住房的套内空间应配置智能安防系统，包括以下内容：

**1** 设置智能安防对讲与入户感应提醒子系统；

**2** 设置智能厨电水浸报警、燃气泄漏报警与自动切断等子系统；

**3** 设置卫生间SOS智能报警子系统；

**4** 设置老幼智能安全监护子系统。

在统一的平台进行监控、管理的基础上构建智能安防系统，在智能产品集成应用的基础上构建智能安防系统，应采用：

（1）入户监控系统。入户监控产品可以提供对家庭和住宅区域的安全监控，防止入侵、盗窃和其他犯罪行为。入户监控产品可以通过智能手机、电脑等设备实现远程监控。入户监控产品包括：智能门锁、入户门监控摄像、智能电子猫眼、智能可视门铃、数字访客对讲等。

（2）户内入侵报警装置。在户内安装入侵报警探测器（如红外幕帘等），探测器的保护范围、稳定性、隐蔽性满足设计要求。安防监控中心能及时处理和记录报警。

（3）户内紧急求助报警装置。在户内安装紧急求助和医疗救援报警装置，有利于出现紧急情况时的报警和求助等。卫生间内紧急情况概率较高，采用拉线式装置，便于倒地病人发出求助信号。安防监控中心或急救中心能及时处理和记录报警事件。

（4）水电气暖监控系统。在户内安装燃气报警器和水浸探测器，有利于在燃气泄漏或室内漏水时，向户内人员发出告警提示。燃气报警器一般与燃气管道的电磁阀进行联动，燃气泄漏报警时，可自动联动电磁阀关闭。通过户内安防系统能及时处置告警和记录报警事件。

以上安全防范系统设计应符合现行国家标准《安全防范工程技术标准》GB 50348、《入侵报警系统工程设计规范》GB 50394、《视频安防监控系统工程设计规范》GB 50395、《出入口控制系统工程设计规范》GB 50396、《民用建筑电气设计标准》GB 51348 等有关规定。

**【6.4.2 智能家居系统】**

**6.4.2** 新时代好住房的套内空间宜设置智能家居系统，并应包括以下内容：

**1** 设置通过中控屏、智慧生活 App 等方式控制的智能主机；

**2** 设置影音娱乐、智能家电等子系统；

**3** 设置智慧照明与智能窗帘等子系统。

从计算中枢、交互方式到智能科技子系统三个层面构建智慧家居系统。其中计算中枢为智能主机，可连接多个智能化设备，内置可拓展多模块设计，功能高度集成。交互方式可选择中控屏 + 智慧生活 App，集中管理，自然交互。第三个层次由 *N* 个子系统构成，其中安防子系统、网络子系统作为基础项，影音娱乐子系统、家电 / 家具家私子系统、智慧照明与智能窗帘等子系统作为提升项。将通用性应用如入户感应、智慧照明、智能窗帘、智能厨电、智能马桶等作为基础得分点。

**【6.4.3 智能环境控制系统】**

**6.4.3** 新时代好住房的套内空间宜设置智能环境控制系统，包括以下内容：

**1** 设置温度、湿度和空气质量等室内环境监控子系统；

**2** 设置节能控制子系统；

**3** 设置能耗监测子系统；

**4** 设置自动计量仪表。

在智能产品集成应用的基础上构建智能控制系统，其中：

（1）环境监控系统。系统内集成并收集温度、湿度、空气质量（$CO_2$、CO、PM2.5、PM10、HCHO、TVOC、苯系物等）、照度、人员在室信息等与室内环境控制相关的物理量，实现对家庭环境的实时监测，实时为用户提供可靠并且全面的环境信息，具备多对象监测、多点监测、系统灵活等特点。

（2）节能控制系统。在满足室内环境参数需求的前提下，以降低房间综合能耗为目的，自动确定房间控制模式，或根据用户指令执行不同的空间场景模式控制方案。节能控制以主要房间或功能区域为控制单元，实现暖通空调、照明和遮阳的整体集成和优化控制。

（3）能耗监控系统。对供暖、供冷、照明、空调、插座的能耗进行分类分项计量。分户计费电能表宜结合用电政策和实际工程需求，采用具有分时段计费、双向费率计量、数据远传功能的智能电表。

（4）自动计量仪表。电力、热力、自来水和天然气等能源用户采用的计量仪表，在符合现行国家标准《用能单位能源计量器具配备和管理通则》GB 17167 规定的同时具有远传通信接口。

【6.4.4 新型智能产品】

**6.4.4** 新时代好住房的套内空间可选用智能门锁、智能家电、智能灯具、智能厨卫等新型智能产品。

应用智能产品可以使住房更加舒适、安全、节能和便利。随着科技的不断进步，智能产品将继续发挥更大的作用，为人们创造更好的居住体验。

（1）智能门锁。入户门配置智能门锁，通过指纹、密码等方式验证开锁，同时还具备开门即时信息推送、门锁防撬报警、防胁迫报警、低电量提醒推送等功能，当遇到突发事件时，锁具会发出响亮的报警声音，同时会立即推送报警信息给家庭用户，帮助用户实时掌握家庭门锁的安全状态，与智能开关等设备关联时，还可以实现开门联动灯光自动打开等场景。

（2）智能家电产品。对家电设备（如灯光、热水器、空调、洗衣机、电视机、电冰箱等）进行远程和定时控制。例如，在户外即可通过 App 远程开启家中空调；通过语音指令来完成对家电等设备的控制，如开灯关灯、调整灯光亮度、控制空调、电视节目、播放音乐、启动家庭影院等。

（3）智能灯具。智能灯具可以实现远程控制：通过智能手机、平板电脑等设备，可以远程控制灯具的开关、亮度、颜色等；亮度调节：可以根据个人喜好和需求调节灯具的亮度，创造不同的光线氛围；色彩调节：一些智能灯具支持调节颜色，提供多种色彩选择，如白光、暖光、冷光以及各种彩色灯光；定时设置：可以设置定时开关灯，自动控制灯具的开启和关闭时间；节能模式：支持能源管理和节能功能，如自动调整亮度、使用更节能的 LED 技术等；情景模式：提供多种预设的灯光场景，如阅读模式、聚会模式、放松模式等，以满足不同场合的需求；语音控制：与语音助手（如 Amazon Alexa、Google Assistant、小米音箱等）集成，使用户可以通过语音指令控制灯具；联动控制：与其他智能设备（如智能音箱、智能摄像头等）进行联动控制，实现更智能化的家居体验。

（4）智能厨卫产品。烟灶联动、智能水槽洗碗机、智能蒸烤箱、感应消毒柜、智能冰箱等智能厨房产品，可以简化烹饪和食物准备过程，提供更便捷的操作方式。通过远程控制、预设功能以及自动化流程，减少了人工操作的繁琐，节省了时间和精力。一些智能厨房产品配备了安全传感器和监测装置，可以检测煤气泄漏、火焰、烟雾等危险情况，并及时发出警报或自动断电，提高了厨房的安全性。智能厨房产品通常具有能源管理功能，可以根据需求调整能耗，使电器设备更加节能高效，减少能源浪费。智能厨房产品常配备智能软件和应用程序，可以根据用户的喜好和习惯进行个性化设置。例如，根据用户的口味和饮食偏好，智能厨房产品可以推荐食谱、调整烹饪参数，并记录用户的偏好信息。智能厨房产品可以与其他智能设备和家居系统进行互联，实现智能家居的整合和联动。例如，智能冰箱可以与购物清单应用程序配合，帮助用户管理食材库存并自动下订单。

卫生间内采用智能坐便器、感应龙头等可以减少与细菌接触的机率。采用具备蒸汽房功能的智能沐浴房，将沐浴、干蒸、湿蒸合为一体，实现用户一键式操作，调节顶喷、手执花洒、背部冲浪、足底按摩等功能根据用户需求设计。

## 6.5 服务高效性能

**【6.5.1 物业服务系统】**

**6.5.1** 新时代好住房住区应设置物业服务系统，并应具备智慧运维平台。

设置物业服务系统可以帮助居民解决日常生活中的各种问题和需求，提高住宅的管理效率和服务水平。服务平台是指物业服务系统的核心部分，用于管理和提供各项服务。具备服务平台意味着物业服务系统应该具有一套完善的管理软件或系统，能够集中管理物业信息、居民需求、服务人员等各种资源，实现信息化、智能化的管理和服务。服务平台通常包括以下几个方面的功能：

（1）居民服务：提供居民在线报修、投诉建议、公告发布等功能，方便居民与物业管理部门的沟通和交流。

（2）资产管理：管理住宅建筑、设施设备的信息，包括维修记录、保养计划、设备清单等。

（3）人员管理：管理物业服务人员的信息，包括岗位、工作记录、考核评价等。

（4）财务管理：管理物业服务的收支情况，包括费用计划、收费标准、账目记录等。

**【6.5.2 便民报修服务系统】**

**6.5.2** 新时代好住房住区应设置便民报修服务系统，并应具备维修咨询、报事报修、投诉等服务功能。

系统应集成咨询、报事报修、建议投诉等便于住户反馈需求的功能模块，住户可以通过手机、电脑等终端在线反馈问题，并能够随时查询问题处理进度以及维修人员指派情况。

**【6.5.3 社群服务功能】**

**6.5.3** 新时代好住房住区应满足居民的共享交流与服务需求，应具备投票决策、维修基金的监督、物业监督投诉等社群服务功能。

业主自治板块，可以方便业主行使权力并履行义务，实现投票决策以及开展业主委员会的选举。业主可在此对物业共用部位及共用设施设备使用情况和收益分配等享有知情权和监督权，对专项维修资金的管理和使用、物业以及业主委员会的工作进行监督。

通过搭建交流社群，为用户提供一个互动交流的空间，在线社交群组、邻里圈等功能，让用户能够方便地分享信息、交流意见、组织活动等。

**【6.5.4 智能化自助设施】**

**6.5.4** 新时代好住房住区应配置智能快递柜、无接触直饮水等智能化自助设施。

本条旨在鼓励使用智能配套服务设施，为住房居民提供一个更加便利和智慧的服务，通过个人用户端扫码、红外感应等科技手段，实现无接触、更健康的生活环境。

**【6.5.5 生活服务平台】**

**6.5.5** 新时代好住房住区应配置文教娱乐、健康医疗等生活服务平台。

通过与社会服务机构、公共部门、第三方服务供应商等进行合作，提供信息集合或线上预约等功能，将各种社会服务资源链接至智慧物业服务平台，包括但不限于教育资源、医疗资源、社区服务、公共交通、政务服务等。

**【6.5.6 智慧养老服务平台】**

**6.5.6** 新时代好住房住区应配置智慧养老服务平台。

养老服务对象包括空巢家庭老人、单身独居老人及子女合住老人。

（1）智慧养老服务平台服务宜向住房老人监护人提供移动端或PC端应用，对住房老人在线完成相关居家养老服务。

（2）智慧养老服务平台服务形式包括上门服务、日托服务等。

（3）智慧养老服务平台服务内容包括但不限于安全预警、一键求助、远程看护、在线订餐、健康指导等，可进一步结合社区基础设施条件提供术后护理、心理咨询、法律咨询、安全预警等增值性服务。

**【6.5.7 建筑设备台账管理】**

**6.5.7** 新时代好住房住区应配置建筑设备台账的系统性信息化管理系统。

智慧设施管理系统和机制旨在利用建筑内各子系统运行的实时和历史信息数据，并对其进行分析和处理，实现信息资源的共享，方便住房物业进行合理的组织调度、管理决策，实现物业管理一体化服务，提高运维效率。在住户安防、停车库（场）管理系统、信息发布系统（含公共广播系统）、维护维修、环境监测、能源监测、垃圾处理等方面，进行数字化、信息化、智慧化运维管理和协同联动。设置设备监控系统，实时监测建筑设备与重要机房的运行状态和性能指标，包括设备的开停机、运行时间、负载率等，性能指标包括设备的温度、湿度、压力、流量等，当监测参数出现异常时及时发出警报，并自动发送通知相关人员。

# 7 绿色低碳化

## 7.1 一般规定

### 【7.1.1 环境性能要求】

**7.1.1** 新时代好住房应满足环境性能要求，并应符合现行国家标准《住宅性能评定标准》GB/T 50362中环境性能的规定。

### 【7.1.2 适用性能要求】

**7.1.2** 新时代好住房应满足适用性能要求，并应符合现行国家标准《住宅性能评定标准》GB/T 50362中适用性能的规定。

### 【7.1.3 经济性能要求】

**7.1.3** 新时代好住房应在建筑全寿命期内做到节能、节水、节材、节地和保护环境，并应符合现行国家标准《住宅性能评定标准》GB/T 50362中经济性能的规定。

发展绿色低碳化的新时代好住房，应在建筑全寿命期内，最大限度地节能、节水、节地、节材，减少污染，保护环境，改善居住舒适性、健康性和安全性，使建筑在满足使用需要的基础上最大限度减轻环境负荷，满足人们对可持续性居住环境的需求，适应住房需求变化，不仅是转变建筑业发展的方式和城乡建设的模式的重大问题，而且是直接关系到群众的直接利益和国家的长远利益。

### 【7.1.4 低碳建筑体系】

**7.1.4** 新时代好住房宜采用建筑长寿化集成技术，并应符合下列规定：

**1** 住宅建筑宜达到超低能耗建筑、近零能耗建筑、零能耗建筑的能效指标要求；

**2** 主体结构宜采用钢结构、木结构、钢木组合结构等结构体系。

国家标准《近零能耗建筑技术标准》GB/T 51350—2019将更高标准的节能建筑按照节能率的不同，区分为超低能耗建筑、近零能耗建筑、零能耗建筑。这些类别的建筑，通过被动和主动技术降低建筑本体能耗，然后通过可再生能源平衡抵消剩余的建筑能耗，达到超低能耗和零能耗目标，主动提升能效目的是鼓励业主选用能效高的设备和家电等，降低建筑运行过程中的能耗和碳排放。本条评价应以国家标准《近零能耗建筑技术标准》GB/T 51350—2019作为依据，项目应获得相关机构颁发的超低能耗建筑、近零能耗建筑、零能耗建筑认定证书。

建筑结构主材隐含碳排放量在建筑整体隐含碳排放中的比重最大，主要受到结构体系类型影响，因此是低碳建筑设计的重点。采用钢结构、木结构或钢木组合结构等低碳结构体系，不仅自身材料隐含碳相对可控，还可以通过材料循环利用、装配式施工等进一步降低隐含碳。

【7.1.5 碳排放强度】

**7.1.5** 新时代好住房的碳排放强度宜低于现行国家标准《建筑节能与可再生能源利用通用规范》GB 55015 的要求。

新建住房建筑应进行碳排放强度计算。按照现行国家标准《建筑节能与可再生能源利用通用规范》GB 55015—2021 的规定，新建的居住建筑碳排放强度应在 2016 年执行的节能设计标准的基础上平均降低 40%，碳排放强度平均降低 7kg $CO_2$/($m^2$·a) 以上。本条评价应以建筑碳排放计算报告作为依据，建筑碳排放计算方法应依据现行国家标准《建筑碳排放计算标准》GB/T 51366。

【7.1.6 外围护结构性能】

**7.1.6** 新时代好住房的外围护系统应满足安全性能、防火性能、隔声性能、热工性能和防水性能等综合性要求。

【7.1.7 外遮阳设施与外窗部品】

**7.1.7** 新时代好住房的外围护系统应采用带有披水板的成品外窗部品，并应根据所在气候区以及建筑朝向，合理设置遮阳设施。

外门窗宜选用集成化配套系列的门窗部品及其构造做法，有利于较好地满足建筑防水等性能要求。

外遮阳设施系统可将太阳辐射挡在窗外，可将其与窗户之间的热空气带走，遮阳效果明显。外遮阳可根据个人对采光、日照、视线等方面的要求进行调节，并可根据建筑立面以及景观环境的情况协调配置，丰富建筑外立面。

【7.1.8 室内健康环境质量】

**7.1.8** 新时代好住房应进行空气环境、声环境、热环境、光环境和水质量等室内环境健康性能设计。

【7.1.9 家庭能源管理】

**7.1.9** 新时代好住房宜采用家庭能源管理系统，监测数据对住户开放。

新时代好住房应与当代不断发展的经济水平与信息水平相匹配，家庭能源管理系统是兼顾家庭居住舒适性与节能环保的能源管理系统，采用“可视化”设计，能够及时掌握家庭的能耗情况，通过对能源消耗的统一管理。

## 7.2 地域共生与人文协调

【7.2.1 在地环境协调】

**7.2.1** 新时代好住房的建筑设计应结合地域、气候、文化和时代等特点，与周边区域环境相协调。

充分考虑所在地区的地域特点，使建筑物与周围环境相协调，使建筑物与当地文化相契合，体现地域特色。随着时代的发展，建筑风格、材料、技术等都会发生变化，采用现代化的设计理念和技术手段，使建筑物具有时代感和前瞻性。建筑设计和外观不仅要符合当地的环境特点，还应该展现出一定的多样性和创新性，使建筑物既能与周围环境协调一致，又能够展现出独特的个性和魅力。

【7.2.2 社区更新】

**7.2.2** 新时代住房应结合周边环境的改善和提升进行建设与改造，并符合以下要求：

**1** 应因地制宜对城镇老旧小区进行专项改造；

**2** 应补齐住房基础设施和公共服务设施短板；

**3** 应增加与周边环境相协调的公共开放空间建设。

住房建设应符合国家城市更新行动的要求，以可持续更新模式推动城市与周边环境优化和品质提升。

（1）老旧小区可能存在建筑老化、设施陈旧、环境脏乱等问题，需要通过改造提升来改善居住条件。改造可以包括更新建筑外立面、改善室内装修、修缮公共设施、提升绿化景观等方面，以提高居住环境品质和居民生活质量。

（2）基础设施和公共服务设施包括道路、排水系统、供电供水设施、学校、医院、商业设施等，是社区正常运转和居民生活所必需的设施。通过解决和补齐这些短板问题，可以提高社区的整体配套水平，改善居民的生活条件。

（3）公共开放空间包括公园、广场、步行道等，是居民休闲娱乐和社交交流的场所。通过增加公共开放空间和环境建设，可以改善社区的环境质量，提升居民的生活品质，同时增强社区的活力和凝聚力。

通过因地制宜的改造与建设、解决基础设施短板问题、增加公共开放空间与环境建设等措施，提高社区的整体品质，改善居民的生活条件。

【7.2.3 文化特色】

**7.2.3** 新时代好住房的建设与改造均应体现当地文化特色。

不同地区的文化特色各有不同，例如建筑风格、材料选用、装饰艺术、民居习俗等。在新建住房和既有住宅改造的设计中，应当充分考虑并体现当地的文化特色，包括采融入当地社会人文环境等，使建筑物更具地域特色和风情，提升建筑的历史人文底蕴，增强居民的归属感和文化认同。

【7.2.4 住宅风貌与外观】

**7.2.4** 新时代好住房的外立面应进行美观和谐、简洁大方的精细化设计。

新建住房设计应当美观和谐，即在整体建筑形象上具有良好的视觉效果，符合当地的建筑风格和文化传统，能够提升建筑的整体形象和品质，增强居民的生活幸福感和社区的凝聚力。立面设计应当设计精细，包括材料选择、色彩搭配、装饰元素等方面的精细处理。

【7.2.5 城市设计策略】

**7.2.5** 新时代好住房应满足城市设计要求，延续城市肌理与意象，并制定符合地域特征的住宅规划设计策略。

新建住房在设计和规划过程中需要充分考虑城市设计要求，确保建筑物与周边环境和谐协调，符合城市整体发展规划。应制定空间形态、景观风貌、环境品质等相关规划设计措施，并应符合下列规定：

（1）新建住房应加强群体空间设计，延续城市肌理，呼应城市界面，整体有序、局部错落、层次丰富的空间形态。

（2）住房建筑形态和及其他物质环境要素进行整体管控，形成层次丰富、错落有致、视线通透，整体协调有节奏有变化的天际线。

新建住房在规划设计过程中需要制定符合地域特征的城市设计策略，包括建筑风格、材料选择、景观设计等方面的考量。

【7.2.6 街道空间与居住街坊】

**7.2.6** 住区规划宜采用围合式居住街坊设计，设置具有活力的街道空间。

## 7.3 全龄宜居与环境性能

【7.3.1 住区与街区】

**7.3.1** 住区规划应集约高效利用土地，营造方便舒适、全龄友好、自然协调的居住空间环境，并应符合下列规定：

**1** 应因地制宜、合理利用原有地形地貌；

**2** 空间层次应清晰，交往空间尺度适宜；

**3** 主要出入口应与周边道路交通联系方便；

**4** 车行道路系统应清晰顺畅，人行道路系统便捷安全；

**5** 标识系统应连续、清晰。

结合场地的原有地形、地貌与地质、水文，因地制宜地利用土地资源。控制建设活动对原有地形地貌的破坏，应通过科学的规划设计尽可能地保护原有地貌，充分利用住宅周边的环境与景观资源，使楼栋的主要房间尽可能获得良好的视野与景观。

楼栋布置应注意恰当的组合尺度及外部组合空间的形态；利于获得日照、通风，能较好地形成小气候环境；楼栋布置满足住宅日照、采光、通风的要求。

空间层次与序列清晰、尺度恰当，是指住宅布置与组合的合理性，住宅规划应尽可能形成层次清晰的室外空间序列。

住宅道路系统构架清晰，住宅路、街坊路、宅间路分级明确。交通组织合理，人流、车流区分明确，既具通达性又不受外来干扰，避免区外交通穿越并与城市公交系统有机衔接。满足消防、救护（救灾）等车辆的通行与临时停靠的要求；满足防盗、防卫空间的要求，做到无安全管理（巡逻）视线死角；临近住宅主要出入口的机动车道（段）应设置减速带，与住宅主要出入口之间设置必要的安全缓冲空间。

【7.3.2 绿地与场地】

**7.3.2** 住区规划应合理配置绿地与活动场地，并应符合下列规定：

**1** 集中绿地与分散绿地应相结合；

**2** 应设置休闲健身活动场地；

**3** 应设置老年人及儿童活动场地；

**4** 应结合步行系统或绿地设置健身步道。

为加强全民健身、推动群众体育的蓬勃开展，应提升全民健身公共服务水平，新建社区应规划配建休闲健身活动场地和社区花园，既有社区也宜统筹用地资源，设置社区休闲健身活动场地和社区花园。

（1）休闲健身活动场地中应配置健步道和多样化的健身器械，以满足不同人群的健身活动需求，还应为活动者提供休息座椅，其设计与配置应符合现行国家标准《城市社区多功能公共运动场配置要求》GB/T 34419—2017 的规定。

（2）社区花园旨在营造美观宜人的居住环境，为居民提供社放松身心的场所。社区花园以景观绿化为主，配置园林小品、休闲座椅和设施，提升观赏性和实用性，为社区创造更加丰富的生活空间。

（3）为确保休闲健身活动的安全性，

提高室外场地的夜间可利用性，社区道路、活动场地和花园应有良好的照明条件，营造安全宜人的夜间环境，使居民可以在夜晚安心参与休闲健身活动或漫步社区花园。

在配建有幼儿园的住区内的儿童活动场地宜结合幼儿园的室外活动场地设置。在配建有“社区老年人活动中心”或“社区老年人日间照料中心”住区内的老年人活动场地应结合前者设置室外活动场地。设置健身步道应避开住房机动车道和主要的步行道路，不对居民的正常出行造成影响。

**【7.3.3 室外环境质量】**

**7.3.3** 住区室外环境质量应符合下列规定：

**1** 应采取措施降低室外噪声影响；

**2** 如设置公共餐饮，应采取防治污染的措施；

**3** 天然水体与景观水体的水质应符合国家标准《地表水环境质量标准》GB 3838和《城市污水再生利用 景观环境用水水质》GB/T 18921的规定。

**【7.3.4 室外环境无障碍】**

**7.3.4** 住区室外环境、公共服务设施应满足无障碍要求，并应符合下列规定：

**1** 人行道应便于老年人、儿童和乘坐轮椅者通行；

**2** 主要活动场地，停车场（库）的人行出入口应为无障碍出入口；

**3** 公共服务设施地面应消除高差或设置无障碍坡道，并采取防滑防跌等措施；

**4** 主要道路应通达楼栋单元入口、活动场地、停车场（库）和公共服务设施，通道应连贯并可无障碍通行；

**5** 应设置无障碍停车位。

为确保包括老年人、残疾人、儿童在内的各类人群安全便利地使用社区环境与服务设施，室外环境、设施设备和细部设计均应符合现行国家标准《无障碍设计规范》GB 50763—2012和《建筑与市政工程无障碍通用规范》GB 55019—2021的规定。例如，小区路、组团路、宅间小路的人行道应宽敞平坦，满足现行国家标准《民用建筑设计统一标准》GB 50352—2019中对于基地步行道的纵坡坡度要求，且不应有任何障碍物或突起物，以方便老年人、儿童和乘坐轮椅者的顺利通行；主要活动场地、社区花园和停车场（库）的出入口应设计为无障碍出入口；应配备坡道或无障碍电梯等，以便于乘坐轮椅者等轻松进出；地面应平整且具有良好的防滑性，以减少跌倒风险，并辅以安全辅助措施，如扶手或护栏，以提供必要的支持与保护。

**【7.3.5 全龄友好设施】**

**7.3.5** 住区规划与设施配置应满足全龄友好的要求：

**1** 住区内设置的公共卫生间或公共服务设施内的卫生间应设置无障碍厕位；

**2** 应设置老年人就餐、助浴空间或照料设施；

**3** 应设置儿童托育、托管服务设施和空间。

在社区公共卫生间、养老助残设施和公共服务设施的公共卫生间中，应设置方便行动障碍者或乘轮椅者使用的无障碍卫生间或无障碍厕位。

大力发展居家养老服务是顺应大多数老年人依托社区原居养老愿望、解决老年人急难愁盼问题的一项重要而紧迫的任务，应加快推进社区照料设施建设，把养老服务快捷地送到老年人身边、周边和床边。依托养老服务设施，可为社区中的老年人提供一系列生活支持：

（1）设置多功能活动室可供开展多元化文娱活动，如阅读、棋牌、学习、游戏等，促进使用者相互交流，提高幸福感。

（2）设置餐厅可提供餐食和助餐服务，可与多功能活动室合设，分时利用。

（3）设置理疗保健服务，解决老年人和残疾人日常保健、健康指导和健康监测的需要。

（4）设置日间休息室或短期托养床位，可满足老年人和残疾人日间休息、短期入住并接受专业照护服务的需求。

（5）设置助浴室可为老年人和残疾人提供助洁、助浴服务。

依托社区发展普惠性托育、托管服务，提供全日托、半日托、计时托、临时托等多种形式的照护服务，是受家庭认可的托育服务形式之一，社区宜利用公共空间和空闲建筑，因地制宜增设嵌入式托育设施。托育设施的建设应配置婴幼儿室外活动场地和适宜的游乐设施。

### 【7.3.6 适老化住区】

**7.3.6** 住区规划应满足适老化建设需求：

**1** 宜设置适老化公寓；

**2** 宜设置可满足子女与老年人共同居住的多代居套型。

适老化建设是建设全龄友好社会、提高全民居住品质的重要内容。

随着人口老龄化的快速发展和平均寿命的延长，适老化居住建筑的需求激增，由于绝大多数老年人会选择居家养老，因此在社区中设置一定比例的适老化老年公寓，或对既有住宅进行适老化改造非常必要。

对于子女与老年人共同居住的家庭，可提供多代居住宅。一方面，子女和老人分别拥有一套完整的居住功能空间，可以做到互不干扰；另一方面，又可共用起居室（厅）、餐厅等公共部分，实现交流共享、相互照应。

### 【7.3.7 交往空间】

**7.3.7** 住区规划应满足邻里活动的需求，设置居民交往的设施或空间。

居住街坊内结合景观设计营造宜人的邻里交往空间，采用有助于邻里交往与社区归属感的设施；打造利于活力营造的空间；社区与邻里的室外公共空间层次丰富、类型多样。

### 【7.3.8 完整社区与公共服务设施】

**7.3.8** 住区规划应落实完整社区建设要求，公共服务设施应满足居民多元化生活需求：

**1** 新建住房的公共服务设施应与项目同步建设同步交付使用；

**2** 应优先设置急需的公共服务设施。

社区公共服务设施是保证居住生活便利的重要支撑，应遵循配套建设、方便使用、统筹开放、兼顾发展的原则进行配置，其规划建设应符合现行国家标准《城市居住区规划设计标准》GB 50180—2018 的相关规定。

针对配套服务短板，完善社区生活圈各级服务设施，优先设置急需的公共服务设施，设置满足社区居民养老托育、社区助餐、家政便民、健康服务、体育健身、文化休闲、儿童游憩等需求的嵌入式服务设施，设置儿童进行动植物知识教育和兴趣培养的场所，设置邮件和快递送达存放设施，位置便于投递和拿取，居住房内设置公共会客厅等交往空间，健身馆、便民小超市等服务网点。

【7.3.9 住区停车设施】

**7.3.9** 住区应配置合理的机动车停车位，并应设置满足安全要求的电动自行车充电设施。

随着城市化的快速发展和居民生活水平的提高，私家车数量不断增加，停车难问题日益突出。

（1）根据《完整居住社区建设指南》要求，新建居住社区按照不低于1车位/户配建机动车停车位，提高停车位配比可以增加停车位的供给，缓解停车难问题，提高居民的出行便利性和生活质量。

（2）随着电动汽车的普及，居民对充电设施的需求不断增加，《完整居住社区建设指南》要求“100%停车位建设充电设施或者预留建设安装条件”，不仅方便居民为电动汽车充电，还可促进电动汽车的推广和应用。

（3）建设配有充电设施的电动自行车停车位或停车棚，不仅有助于解决电动自行车充电难、充电不规范等安全问题，也有助于解决电动自行车停放无序的问题，可有效改善社区环境。

【7.3.10 生活垃圾分类设施】

**7.3.10** 住区内应设置生活垃圾分类设施。

社区内应设置合理数量的垃圾分类收集点，以方便居民就近将生活垃圾进行分类投放。收集点应设置在易于居民存取位置，并喷涂统一、规范、清晰的标识，确保设施设置规范、干净整洁。

## 7.4 舒适健康与适用性能

【7.4.1 楼栋公共空间】

**7.4.1** 新时代好住房的楼栋单元应配置完整的功能空间，并应符合下列规定：

**1** 单元平面应布局合理、功能关系紧凑、空间利用充分，平面进深面宽适度；

**2** 单元入口应结合当地气候条件设置防风、保温与隔热的过渡空间或休憩空间。

楼栋单元平面的设计应根据气候条件、居住活动及服务管理的基本要求和活动规律，来布局和确定住宅功能空间的总体关系，提高单位土地使用效率、提高公用设施的使用率，使交往和休寝、餐食、盥洗、休闲以及工作、学习等活动在一定的空间和面积内得到最充分的、适宜的和经济的安排。套内功能空间的设置和布局，既要满足功能上的要求，也要满足使用便利和卫生的要求，设计时应合理、有效地组织各功能区块，注重动静分区、洁污分区、提高使用效率。

（1）平面布局合理，公私分区清晰；电梯、楼梯和有噪声、振动、电磁干扰等的设备与管井不邻居住空间布置；垃圾间位置相对隐蔽、避免串味和污染环境。

（2）门厅（进厅）是住宅单元的公共交通中心，主要为居民提供室内外空间转换和交通、疏散、停候之用。门厅出入口与室外之间宜结合当地气候条件设置防风、保温或隔热的过渡空间；在寒冷地区的冬季，住宅北侧受寒风与结冰等影响妨碍居民出行，应采取及时融雪或减少结冰的措施，否则门厅不宜布置在冬季无日照的北侧。

【7.4.2 套型功能空间】

**7.4.2** 新时代好住房的套型设计应满足生活方式多元化要求，并应符合下列规定：

**1** 套内功能空间设计精细，面积与尺寸利用充分；

**2** 采用开放式或半开放式厨房，餐厅与厨房联系紧密；

**3** 设有独立的入户玄关空间；

**4** 卫生间干湿分离，合理设置洗衣机位和晾晒空间；

**5** 套内收纳与储藏空间充分。

【7.4.3 室内空气质量】

**7.4.3** 新时代好住房的室内空气质量指标应符合现行国家标准《室内空气质量标准》GB/T 18883和《建筑环境通用规范》GB 55016的相关规定。

【7.4.4 新风系统】

**7.4.4** 新时代好住房宜安装新风换气系统。

新风换气技术通过加快室内污浊空气的排出，加速室外新鲜空气的引入，可以有效降低室内空气污染，提高室内空气质量。

负压式新风系统：在室内易污染区域（厨卫空间）安装排风机，形成室内负压，根据大气平衡原理，室外的新鲜空气通过墙式进风器或窗式进风器直接引入室内，从而使室内的空气既清新又洁净。系统无需进风管道连接，进风口宜设置在主要居住空间的外墙上，而排风口及排风管道通常安装于过道、卫生间等通常有吊顶的地方。

全热交换新风系统：在双向流新风系统原理的基础上增加了具有热回收功能的新风系统。其进风与排风均由一台主机完成，且主机内部增加了热交换模块，节约能源并改善室内空气质量。

【7.4.5 隔声性能】

**7.4.5** 新时代好住房的室内声环境指标应符合现行国家标准《声环境质量标准》GB 3096的2类以上规定、《民用建筑隔声设计规范》GB 50118的规定，并应对楼板、墙体、管道及电梯等部位采取系统的隔声措施。

住宅声环境的影响因素十分复杂，隔声性能主要注重层间与户间的隔声性能以及围护结构的隔声性能和排水管道的噪声情况等。住房楼板、分户墙、外窗等隔声性能优于现行国家标准《建筑环境通用规范》GB 55016中的限值要求。

提升项中隔声性能指标参考《建筑环境通用规范》GB 55016中的限值要求。

（1）楼板的撞击声声压级的测试方法按照现行国家标准《民用建筑隔声设计规范》GB 50118进行，楼板的空气声计权隔声量按照建筑外墙的隔声测量方法进行。

（2）计权隔声量为A声压级差。分户墙、分室墙、含窗外墙、户门的测试方法按照现行国家标准《民用建筑隔声设计规范》GB 50118进行。

（3）电梯、水泵、风机、空调等设备安装时应采取设减振垫、减振支架、减振吊架等减振措施，设备机房还应采取有效隔声降噪措施。

【7.4.6 热湿环境】

**7.4.6** 新时代好住房的室内热湿环境应满足下列要求：

**1** 冬季温度不低于 20℃，夏季温度不高于 26℃；

**2** 主要功能房间空气相对湿度达到 30% ~ 65%。

当住宅室内的主要房间温度达到冬季 20℃、夏季 26℃，其舒适度有大幅度提升。设计时应尽量降低冬季供暖和夏季制冷能耗在我国夏热冬冷地区没有集中供暖的地区，冬季室外温度较低，住宅室内的热舒适度很差，因此鼓励采取提升外围护系统保温隔热性能、增设采暖系统等措施，实现室内热湿环境的品质提升。

国际标准化组织（ISO）标准《热环境的人体工程学》ISO 7730 以预测平均投票数（*PMV*）和预测不满意百分数（*PPD*）即 *PMV–PPD* 指标评价人体热感觉。*PMV* 指标采用了 7 级分度：冷、凉、微凉、适中、微暖、暖、热，对应 *PMV* 值为 –3 ~ +3；以 *PPD* ≤ 10% 作为设计依据，即 90% 以上的人感到满意的热环境为热舒适环境，此时对应的 *PPD*=–0.5 ~ +0.5。以操作温度给出了热舒适区域，冬季舒适温度范围是：$t_0$=20.0 ~ 24.0℃；夏季舒适温度范围是：$t_0$=23.0 ~ 26.0℃。相当于 ASHRAE 55 中相对湿度为 50% 时的操作温度。

### 【7.4.7 防水防潮】

**7.4.7** 新时代好住房的防水防潮性能应满足下列要求：

**1** 建筑非透光围护结构内表面不应结露；供暖建筑的屋面、外墙内部不应产生冷凝；

**2** 建筑外墙门窗洞口、窗台等部位应采取防水构造措施；

**3** 卫生间的地面、墙面应设置防水层或相应措施。

（1）结露和冷凝的出现可能会导致湿气积聚，引发霉菌生长和建筑材料腐蚀，甚至损害建筑结构，因此必须采取相应措施确保这种情况不会发生。

（2）采取防水构造措施，例如在这些部位设置防水层、密封条或者其他防水材料，可以有效地防止雨水的渗透，保护建筑结构和室内空间免受水患侵害。

（3）由于卫生间是水汽密集的区域，为防止水分渗透到建筑结构中，必须在卫生间的地面和墙面上设置防水层或者采取其他相应的防水措施。这可以防止水分渗透到地板下或者墙体内部，避免造成地板破损、地面漏水以及墙体发霉等问题，同时保护住宅结构的稳定性和耐久性。

### 【7.4.8 光环境】

**7.4.8** 新时代好住房应充分利用天然采光，室内采光标准以及室内照明不应地域现行国家标准规定的限值。

### 【7.4.9 饮用水】

**7.4.9** 新时代好住房的生活饮用水水质不应低于现行国家标准《生活饮用水卫生标准》GB 5749 的要求，宜设置室内直饮水系统。

安全用水是人类生活中至关重要的一部分，它对个人和社会的健康和福祉有着重要的影响。为保证业主身体健康和生活质量，按照现行国家标准《生活饮用水卫生标准》GB 5749 对饮用水中与人群健康相关的各种因素（物理、化学和生物）的量值规定执行。同时应满足对为实现量值所作的有关行为的规范要求，包括：生活饮用水水质卫生要求、生活饮用水水源水质卫生要求、集中式供水单位卫生要求、二次供水卫生要求、涉及生活饮用水卫生安全产品卫生要求、水质监测和水质检验方法。主要指标包括微生物指标、毒理指标、感官性状和一般化学指标、放射性指标、消毒剂指标等。

【7.4.10 防串味措施】

**7.4.10** 新时代好住房的室内空气环境应满足防串味的要求，可采取措施有：

**1** 应采用户式水平新风或排风系统；

**2** 应采用防串味密闭性地漏产品；

**3** 宜安装新风换气系统。

新风换气系统通常是24h连续运转的设备，具有除臭、除尘等作用。具备高效能、低噪声、长寿命的特征。进风口应对进入室内的新风进行基本过滤、降噪处理。

## 7.5 降碳减排与生态循环

【7.5.1 围护结构热工性能】

**7.5.1** 新时代好住房的外围护系统应根据不同地区的气候条件选择节能措施；围护结构热工性能不低于现行国家标准《建筑节能与可再生能源利用通用规范》GB 55015 的要求。

良好的围护结构热工性能是降低建筑能耗和保障室内环境的重要措施，围护结构热工性能，指外墙、屋面、外窗的传热系数及太阳得热系数，应直接满足或通过围护结构热工性能权衡判断满足现行国家标准《建筑节能与可再生能源利用通用规范》GB 55015 的要求。为贯彻国家技术经济政策，提高建设质量和居住品质，改善住宅建筑室内热环境。建筑节能设计应符合国家现行有关建筑节能设计标准中强制性条文的规定。外围护结构在主要部位热工参数上也应符合现行居住建筑节能设计标准规范。根据不同的气候分区及建筑的类型分别按现行行业标准《严寒和寒冷地区居住建筑节能设计标准》JGJ 26、《夏热冬冷地区居住建筑节能设计标准》JGJ 134、《夏热冬暖地区居住建筑节能设计标准》JGJ 75、《温和地区居住建筑节能设计标准》JGJ 475 执行。

【7.5.2 用能设备能效等级】

**7.5.2** 新时代好住房的供暖、通风、空调、照明、生活热水、电梯等用能设备能效等级应达到国家现行有关标准的 2 级能效或限定值要求，鼓励用能设备能效等级达到国家现行有关标准的 1 级能效或目标值要求。

高效的用能设备是住宅节能减碳的重要措施，对住户运行使用有直接影响。本条要求好住房供暖空调、照明、生活热水设备能效达到国家现行有关标准的 2 级能效要求，涉及的能效标准包括《房间空气调节器能效限定值及能效等级》GB 21455、《低环境温度空气源热泵（冷水）机组能效限定值及能效等级》GB 37480、《冷水机组能效限定值及能效等级》GB 19577、《单元式空气调节机能效限定值及能效等级》GB 19576、《风管送风式空调机组能效限定值及能效等级》GB 37479、《水（地）源热泵机组能效限定值及能效等级》GB 30721、《通风机能效限定值及能效等级》GB 19761、《清水离心泵能效限定值及节能评价值》GB 19762、《热回收新风机组》GB/T 21087、《热泵型新风环境控制一体机》GB/T 40438、《电动机能效限定值及能效等级》GB 18613、《交流接触器能效限定值及能效等级》GB 21518、《电力变压器能效限定值及能效等级》GB 20052、《热泵热水机（器）能效限定值及能效等级》GB 29541 等。

提升设备用能效率要求，要求好住房

供暖空调、照明、生活热水设备能效全部达到国家现行有关标准的 1 级能效要求，涉及的能效标准包括《房间空气调节器能效限定值及能效等级》GB 21455、《多联式空调（热泵）机组能效限定值及能效等级》GB 21454、《热泵热水机（器）能效限定值及能效等级》GB 29541、《家用燃气快速热水器和燃气采暖热水炉能效限定值及能效等级》GB 20665 等。

### 【7.5.3 通风空调与电气节能产品】

**7.5.3** 新时代好住房的通风空调、电气设备应采用能效比高的节能型产品，公共区域的照明应设置自控系统。

电气设备应采用安全可靠、高效节能的电气产品，公共区域的照明系统应符合节能设计控制原则，走廊、楼梯间和门厅等公共部位的照明应设置声控、光控、定时、感应等自控装置。电气控制系统、计量仪表及其控制管理等应符合相关节能设计标准的规定。

### 【7.5.4 可再生能源】

**7.5.4** 新时代好住房应满足可再生能源应用要求，并应符合下列规定：

**1** 采暖、空调及热水供应宜采用太阳能、地热能、风能等绿色可再生能源；

**2** 结合当地气候和自然资源条件，利用建筑光伏一体化系统等可再生能源，可再生能源利用率≥ 2%；

**3** 采用节水器具产品，用水效率等级达到 2 级；

**4** 太阳能系统应选用建筑一体化的集成部品。

太阳能热水系统、太阳能光伏发电等可再生能源装置，在住宅建筑运行过程中可以有效降低住户能源消耗，减少居民家庭能源支出，是居民享受低碳成效以及体验低碳获得感的重要措施，因此纳入好住房的提升项。可再生能源应用比例的计算方法参考现行国家标准《绿色建筑评价标准》GB 50378 的规定。

卫生器具的用水效率参照现行国家标准《水嘴用水效率限定值及用水效率等级》GB 25501、《坐便器水效限定值及水效等级》GB 25502、《小便器用水效率限定值及用水效率等级》GB 28377、《淋浴器用水效率限定值及用水效率》GB 28378、《便器冲洗阀用水效率限定值及用水效率等级》GB 28379、《蹲便器用水效率限定值及用水效率等级》GB 30717 等。

太阳能系统宜采用一体化的集成部品，除应考虑其管道和设备设计及其运维要求外，同时尚需满足预制构件的施工安装要求。

### 【7.5.5 与自然环境融合】

**7.5.5** 新时代好住房建设应满足自然资源保护利用的要求，体现与自然环境和谐共生。

住房设计建造应该尊重自然环境，与自然环境形成和谐共生的关系。具体来说，建筑物的布局、材料选择等应该考虑自然环境的特点和影响，最大限度地保护自然资源和生态环境，利用自然资源，减少对自然环境的负面影响。

### 【7.5.6 生物多样性】

**7.5.6** 新时代好住房建设应满足生物多样性保护原则，在评估场地及其周围生物栖息环境的基础上，采取保护或建立生物栖息地和廊道的措施。

结合场地内原有水体和湿地等自然环境，在其湿地、河岸、水体等区域，落实了各项适宜的生态环境保护措施。植被景观的保护考虑了当地植物的生态适应性，适应当地气候条件和植物特点。保护场地内现有植被树木、地形地貌和水系河流，提供生物栖息场所，维系了住房的生物多样性。对受施工影响破坏的植被与地貌采取了积极的措施，予以原状恢复。

**【7.5.7 可循环建材】**

**7.5.7** 新时代好住房建设应满足资源循环的要求，并应优先选用可再循环材料、可再利用材料及利废建材。

建筑中选用的可再循环建筑材料和可再利用建筑材料，可以减少生产加工新材料带来的资源、能源消耗及环境污染，具有良好的经济、社会和环境效益。建筑材料的循环利用是建筑材料资源节约利用的重要方式。可再循环材料是指通过改变物质形态可实现循环利用的回收材料，如难以直接回用的钢筋、玻璃等，可以回炉再生产。可再利用材料是指不改变物质形态可直接再利用的，或经过组合、修复后可直接再利用的回收材料，如有些材质的门、窗等。有的建筑材料则既可以直接再利用又可以回炉后再循环利用，如标准尺寸的钢结构型材等。以上各类材料均可纳入评价范畴。

利废建材即“以废弃物为原料生产的建筑材料”是指在满足安全和使用性能的前提下，使用废弃物等作为原材料生产出的建筑材料，其中废弃物主要包括建筑废弃物、工业废料和生活废弃物。在满足使用性能的前提下，鼓励利用建筑废弃混凝土生产再生骨料，制作成混凝土砌块、水泥制品或配制再生混凝土；鼓励利用工业废料、农作物秸秆、建筑垃圾、淤泥为原料制作成水泥、混凝土、墙体材料、保温材料等建筑材料；鼓励以工业副产品石膏制作成石膏制品；鼓励使用生活废弃物经处理后制成的建筑材料。

**【7.5.8 降低生态环境影响】**

**7.5.8** 新时代好住房建设应满足改善或提升生态环境的要求，采取恢复地形或栽种植物等措施，降低对原有生态环境的不良影响。

新建住房和既有住宅改造在选择建筑地点、进行施工和拆除工程时，应该尽量避免对周边环境造成不可逆的破坏，包括保护周围的自然景观、绿地、湿地、水源、生物多样性等，不破坏生态系统的平衡和功能，并应采取有效措施避免污染周边环境，包括空气、水体、土壤等，包括控制施工废弃物的排放和处理、合理使用化学品和材料、防止噪声、振动等环境污染源的扩散。

新建住房和既有住宅改造可以采取以下措施避免对周边环境造成破坏和污染：进行环境影响评价，评估建筑项目对周边环境的影响，并制定相应的环境保护措施和管理计划；选择环保材料和施工工艺，减少施工过程中的污染物排放；控制施工期间的噪声、粉尘和振动，保护周边居民的生活环境和健康；合理规划建筑物的排水系统，避免对周围水体的污染；合理的固体废物处理方案，减少施工废弃物对周边土地和水源的污染。

**【7.5.9 垃圾处理】**

**7.5.9** 新时代好住房建设应采取降低装修与拆除等阶段垃圾排放的低碳化措施。

推进建筑垃圾减量化是节约资源、保护环境的重要举措。推广绿色施工，减少建筑垃圾和扬尘污染，推进建筑垃圾集中处理、分级利用，提高建筑垃圾资源化利用率，有利于实现工程建设全过程绿色建造。根据住房和城乡建设部《关于推进建筑垃圾减量化的指导意见》（建质〔2020〕46号）要求，工作目标为“2020年底，各地区建筑垃圾减量化工作机制初步建立。2025年底，各地区建筑垃圾减量化工作机制进一步完善，实现新建建筑施工现场建筑垃圾（不包括工程渣土、工程泥浆）排放量每万平方米不高于300吨，装配式建筑施工现场建筑垃圾（不包括工程渣土、工程泥浆）排放量每万平方米不高于200吨”。据初步测算，目前我国新建工程单位面积建筑垃圾（不包括工程渣土、工程泥浆）排放量约为500~600吨/万平方米。正在实施的绿色施工科技示范工程的“建筑垃圾控制”量化考核指标为“固体废弃物排放量不高于300吨/万平方米，预制装配式建筑固体废弃物排放量不高于200吨/万平方米”。经过示范工程实践证明，采取一系列的技术和管理措施，可以达到相应的建筑垃圾排放控制目标。施工单位应实时统计并监控建筑垃圾产生量，及时采取针对性措施降低建筑垃圾排放量。鼓励采用现场泥沙分离、泥浆脱水预处理等工艺，减少工程渣土和工程泥浆排放。

采用符合减少装修改造造成的资源浪费的低碳化策略，并应采用可更新性的工业化装修部品。在装修过程中采用工业化部品，相比于现场定制的传统装修方式，工业化部品具有更高的精度和一致性，可以减少施工过程中的浪费和错误，提高装修效率和质量。此外，工业化部品通常采用可回收材料制成，有助于减少资源消耗和废物排放，符合低碳化设计的要求。选择那些设计简单、部件容易获取、易于维修和更换的设备，以减少因设备故障或老化而需要进行大规模改造或拆除的情况。通过采用易维修更换的设施设备，可以延长设备的使用寿命，减少资源浪费和能源消耗，从而降低住房的维护成本和环境影响。因此通过减少资源浪费、降低能源消耗和提高装修质量来实现低碳化设计，从而促进新建住房的可持续发展和环保效益。

## 【7.5.10 水资源利用】

**7.5.10** 新时代好住房建设应采用水资源利用措施，并应满足以下要求：

**1** 绿化浇洒应采用节水灌溉方式；

**2** 非传统水源供水系统独立设置。

（1）绿化灌溉应采用喷灌、微灌等节水灌溉方式；或在采用节水灌溉系统的基础上，设置土壤湿度感应器、雨天自动关闭装置等节水控制措施。采用再生水灌溉时，因水中微生物在空气中极易传播，应避免采用喷灌方式。微灌包括滴灌、微滴管、涌流流灌和地下渗灌。要求项目90%以上的绿化面积采用了高效节水灌溉方式或节水控制措施。

（2）非传统水源指不同于传统地表水供水和地下水供水的水源，包括再生水、雨水、海水等，再生水又分市政再生水和建筑中水。这些水源可以用于冲洗马桶、浇灌花园、清洁和其他非饮用水用途。将这些系统独立设置可以更好地控制和管理非传统水源的使用，同时减少对自来水的依赖，从而降低用水成本和减少对地方水资源的压力。

## 【7.5.11 雨水利用】

**7.5.11** 新时代好住房建设应设置雨水利用设施，并应符合下列规定：

**1** 下凹式绿地、雨水花园等有调蓄雨水功能的绿地和水体的面积之和占绿地面积的比例≥40%；

**2**　衔接和引导不低于 80% 的屋面雨水和道路雨水进入地面生态设施；

**3**　硬质铺装地面中透水铺装面积的比例≥50%。

（1）应遵循低影响开发原则，合理利用场地空间设置绿色雨水基础设施。绿色雨水基础设施有雨水花园、下凹式绿地、屋顶绿化、植被浅沟、截污设施、渗透设施、雨水塘、雨水湿地、景观水体等。绿色雨水基础设施有别于传统的灰色雨水设施，能够以自然的方式削减雨水径流、控制径流污染、保护水环境。

（2）屋面雨水和道路雨水是建筑场地产生径流的重要源头，易被污染并形成污染源，故宜合理引导其进入地面生态设施进行调蓄、下渗和利用，并采取相应截污措施。地面生态设施是指下凹式绿地、植草沟、树池等，即在地势较低的区域种植植物，通过植物截流、土壤过滤滞留处理小流量径流雨水，达到控制径流污染的目的。洗衣废水若排入绿地，将危害植物的生长，物业应定期检查并杜绝阳台洗衣废水接入雨水管的情况发生。

（3）“硬质铺装地面”指场地中停车场、道路和室外活动场地等，不包括建筑占地（屋面）、绿地、水面等。透水铺装指既能满足路用及铺地强度和耐久性要求，又能使雨水通过本身与铺装下基层相通的渗水路径直接渗入下部土壤的地面铺装系统，包括采用透水铺装方式或使用植草砖、透水沥青、透水混凝土、透水地砖等透水铺装材料。当透水铺装下为地下室顶板时，若地下室顶板设有疏水板及导水管等可将渗透雨水导入与地下室顶板接壤的实土，或地下室顶板上覆土深度能满足当地园林绿化部门要求时，仍可认定其为透水铺装地面，但覆土深度不得小于 600mm。

# 8 性能指标体系

## 8.1 一般规定

**8.1.1** 以建设产业化、建筑长寿化、品质优良化、绿色低碳化为基本划分，符合设计要点，按照层级进行划分。

**8.1.2** 体系层级共划分为三级，基础项以★★★标注，表示必须要实现的，优选项以★★标注，表示在条件允许的情况下尽量实现，推荐项以★标注，表示鼓励条件允许的情况下推荐实现的。

**8.1.3** 应满足下列基本要求：

**1** 采用SI建筑体系及管线分离方式设计建造；

**2** 建筑支撑体的结构耐久性设计年限应为100年；

**3** 建筑填充体满足家庭全生命周期的使用要求；

**4** 采用装配化装修的集成部品体系；

**5** 住宅性能评定应满足性能3A的要求。

## 8.2 建设产业化性能指标

**8.2.1** 建设产业性能评价应包含系统集成与精益设计、建筑支撑体与体系协同、建筑填充体与部品装修、工程质优与通病控制等四个部分内容，其指标层级划分应符合表8.2.1的规定。

**表 8.2.1　建设产业化性能指标**

| 序号 | 项目 | 分项 | 层级划分 |
|---|---|---|---|
| 1 | 一般规定 | 建设产业化 | ★★★ |
| | | 模数协调 | ★★★ |
| | | 系统协同 | ★★★ |
| | | 数字化技术 | ★★★ |
| | | SI建筑体系与建造方式 | ★★★ |
| 2 | 系统集成与精益设计 | 大空间方式 | ★★★ |
| | | 管线分离设计 | ★★★ |
| | | 模块化设计 | ★★★ |
| | | 层高选择 | ★★ |
| | | 集中用水空间 | ★★ |

**表 8.2.1（续）**

| 序号 | 项目 | 分项 | 层级划分 |
| --- | --- | --- | --- |
| 2 | 系统集成与精益设计 | 集中管井 | ★★ |
| | | 综合布线 | ★★★ |
| 3 | 建筑支撑体与体系协同 | 形体规整 | ★★★ |
| | | 立面设计标准化与多样化 | ★★★ |
| | | 结构设计 | ★★★ |
| | | 支撑体预制部（构）件 | ★★ |
| | | 外围护系统 | ★★ |
| 4 | 建筑填充体与部品装修 | 填充体设计建造 | ★★ |
| | | 内装部品 | ★★★ |
| | | 集成化部品 | ★★★ |
| | | 模块化部品 | ★★★ |
| | | 架空层管线集成 | ★★★ |
| | | 电气系统设计 | ★★★ |
| | | 设备及管线接口标准化 | ★★ |
| | | 干式地暖 | ★ |
| | | 烟气直排 | ★ |
| 5 | 工程质优与通病控制 | 质量通病与性能问题管控 | ★★★ |
| | | 设计建造技术 | ★★ |
| | | 产业化技术 | ★★ |
| | | 新技术、新工艺、新材料、新设备 | ★★ |
| | | 智能建造 | ★ |

**8.2.2** 应采用 SI 建筑体系，并应采用 SI 建筑体系的集成设计建造。

**8.2.3** 应进行厨卫空间、套型、楼栋的标准化设计，并应采用标准化部品。

**8.2.4** 主体结构宜采用预制装配式建造方式，内装应采用干式工法的装配式装修。

**8.2.5** 应采用 SI 建筑以及内装部品技术。

## 8.3 建筑长寿化性能指标

**8.3.1** 建筑长寿性能评价应包含灵活长寿性能、安全耐久性能、防灾韧性与设施保障、居住安全与安心使用等四个部分内容，其指标层级划分应符合表 8.3.1 的规定。

**表 8.3.1　建筑长寿化性能指标**

| 序号 | 项目 | 分项 | 层级划分 |
|---|---|---|---|
| 1 | 一般规定 | 安全性能 | ★★★ |
| | | 耐久性能 | ★★★ |
| | | 全寿命期支撑体性能 | ★★★ |
| | | 家庭全生命周期适应性设计 | ★★★ |
| | | 存量利用 | ★★★ |
| 2 | 灵活长寿性能 | 支撑体长寿性能 | ★★★ |
| | | 空间适应性层级 | ★★★ |
| | | 灵活性可变性 | ★★★ |
| | | 后期装修空间弹性 | ★★ |
| 3 | 安全耐久性能 | 结构承载力 | ★★★ |
| | | 抗震安全 | ★★★ |
| | | 防火安全 | ★★★ |
| | | 外围护安全耐久 | ★★ |
| | | 安全疏散 | ★★★ |
| 4 | 防灾韧性与设施保障 | 防灾与韧性设计 | ★★★ |
| | | 设备设施灾害预案 | ★★ |
| | | 灾害事故预警系统 | ★★ |
| | | 防淹与防洪能力 | ★★ |
| | | 通信信号覆盖 | ★★ |
| | | 防灾减灾储能系统 | ★★ |
| | | 避难逃生措施 | ★ |
| 5 | 居住安全与安心使用 | 燃气安全 | ★★★ |
| | | 供电供水安全 | ★★★ |
| | | 防盗防坠落安全 | ★★★ |
| | | 卫生安全 | ★★★ |

**8.3.2**　结构设计使用年限应按100年进行计算，同时应提高围护结构的耐久性。

**8.3.3**　应通过采用轻质隔墙系统实现大空间布置，并应采用管线分离方式，管线设备应进行集成设计。

**8.3.4**　填充体应采用整体卫浴、集成厨房、系统收纳等模块化部品以及装配式隔墙系统等集成化部品。

**8.3.5**　应采用提高耐久性和适应性的部品技术与工法。

**8.3.6**　宜采用减隔震、防腐以及防灾等新技术以提高耐久性能等。

## 8.4 品质优良化性能指标

**8.4.1** 品质优良性能评价应包含适老通用性能、长期维护性能、智慧便捷性能、服务高效性能等四个部分内容，其指标层级划分应符合表 8.4.1 的规定。

**表 8.4.1 品质优良化性能指标**

| 序号 | 项目 | 分项 | 层级划分 |
|---|---|---|---|
| 1 | 一般规定 | 通用设计 | ★★★ |
| | | 定期维护维修 | ★★★ |
| | | 物权物业法规 | ★★★ |
| | | 基础网络建设 | ★★★ |
| 2 | 适老通用性能 | 适老化通用设计 | ★★★ |
| | | 无障碍设计 | ★★★ |
| | | 适老化通用部品 | ★★★ |
| | | 厨卫便利性可达性 | ★★★ |
| | | 插座高度 | ★★ |
| 3 | 长期维护性能 | 部品维护检修 | ★★★ |
| | | 部件维修更换年限 | ★★ |
| | | 维护检修计划 | ★★ |
| | | 智慧装修管理制度 | ★★ |
| | | 住房全寿命期保障制度 | ★★ |
| 4 | 智慧便捷性能 | 智能安防系统 | ★★ |
| | | 智能家居系统 | ★★ |
| | | 智能环境控制系统 | ★★ |
| | | 新型智能产品 | ★ |
| 5 | 服务高效性能 | 物业服务系统 | ★★★ |
| | | 便民报修服务系统 | ★★ |
| | | 社群服务功能 | ★ |
| | | 智能化自助设施 | ★ |
| | | 生活服务平台 | ★ |
| | | 智慧养老服务平台 | ★ |
| | | 建筑设备台账管理 | ★ |

**8.4.2** 除应符合现行国家标准《住宅性能评定技术标准》GB/T 50362 的第三方评价的有关规定外，还应满足适老性能的要求。

**8.4.3** 应制定后期维修维护制度，满足后期运营管理的要求。

**8.4.4** 应采用满足适老通用性能以及维护更新要求的部品技术与工法。

## 8.5 绿色低碳化性能指标

**8.5.1** 绿色低碳性能评价应包含地域共生与人文协调、全龄宜居与环境性能舒适健康与适用性能、降碳减排与生态循环等四个部分内容，其指标层级划分应符合表 8.5.1 的规定。

**表 8.5.1 绿色低碳化性能指标**

| 序号 | 项目 | 分项 | 层级划分 |
|---|---|---|---|
| 1 | 一般规定 | 环境性能要求 | ★★★ |
| | | 适用性能要求 | ★★★ |
| | | 经济性能要求 | ★★★ |
| | | 低碳建筑体系 | ★★ |
| | | 碳排放强度 | ★★ |
| | | 外围护结构性能 | ★★★ |
| | | 外遮阳设施与外窗部品 | ★★★ |
| | | 室内健康环境质量 | ★★★ |
| | | 家庭能源管理 | ★ |
| 2 | 地域共生与人文协调 | 在地环境协调 | ★★★ |
| | | 社区更新 | ★★★ |
| | | 文化特色 | ★★★ |
| | | 住宅风貌与外观 | ★★★ |
| | | 城市设计策略 | ★★★ |
| | | 街道空间与居住街坊 | ★★★ |
| 3 | 全龄友好与环境性能 | 住区规划布局 | ★★★ |
| | | 住宅绿地与场地 | ★★★ |
| | | 室外环境质量 | ★★★ |
| | | 室外环境无障碍 | ★★★ |
| | | 全龄友好设施 | ★★ |
| | | 适老化住区 | ★ |
| | | 交往空间 | ★★★ |

表 8.5.1（续）

| 序号 | 项目 | 分项 | 层级划分 |
| --- | --- | --- | --- |
| 3 | 全龄宜居与环境性能 | 完整社区与公共服务设施 | ★★ |
| | | 住区停车设施 | ★★★ |
| | | 生活垃圾分类设施 | ★★★ |
| 4 | 舒适健康与适用性能 | 楼栋公共空间 | ★★★ |
| | | 套型功能空间 | ★★★ |
| | | 室内空气质量 | ★★★ |
| | | 新风系统 | ★ |
| | | 隔声性能 | ★★★ |
| | | 热湿环境 | ★★★ |
| | | 防水防潮 | ★★★ |
| | | 光环境 | ★★★ |
| | | 饮用水 | ★★★ |
| | | 防串味措施 | ★★★ |
| 5 | 降碳减排与生态循环 | 围护结构热工性能 | ★★★ |
| | | 用能设备能效等级 | ★★ |
| | | 通风空调与电气节能产品 | ★★ |
| | | 可再生能源 | ★★ |
| | | 与自然环境融合 | ★★★ |
| | | 生物多样性 | ★★★ |
| | | 可循环建材 | ★★★ |
| | | 降低生态环境影响 | ★★★ |
| | | 垃圾处理 | ★★★ |
| | | 水资源利用 | ★★★ |
| | | 雨水利用 | ★★ |

**8.5.2** 除应符合现行国家标准《住宅性能评定技术标准》GB/T 50362 的第三方评价的有关规定外，还应满足室内环境以及围护结构的性能要求。

**8.5.3** 应采用提高室内环境和围护结构性能的部品技术与工法。

# 本指南用词说明

**1** 为便于在执行本指南条文时区别对待，对于要求严格程度不同的用词说明如下：

**1**）表示很严格，非这样做不可的用词：
正面词采用“必须”，反面词采用“严禁”；

**2**）表示严格，在正常情况下均应这样做的用词：
正面词采用“应”，反面词采用“不应”或“不得”；

**3**）表示允许稍有选择，在条件许可时首先应这样做的用词：
正面词采用“宜”，反面词采用“不宜”；

**4**）表示有选择，在一定条件下可以这样做的用词，采用“可”。

**2** 本指南中指明应按其他有关标准执行的写法为：“应符合……的规定”或“应按……执行”。